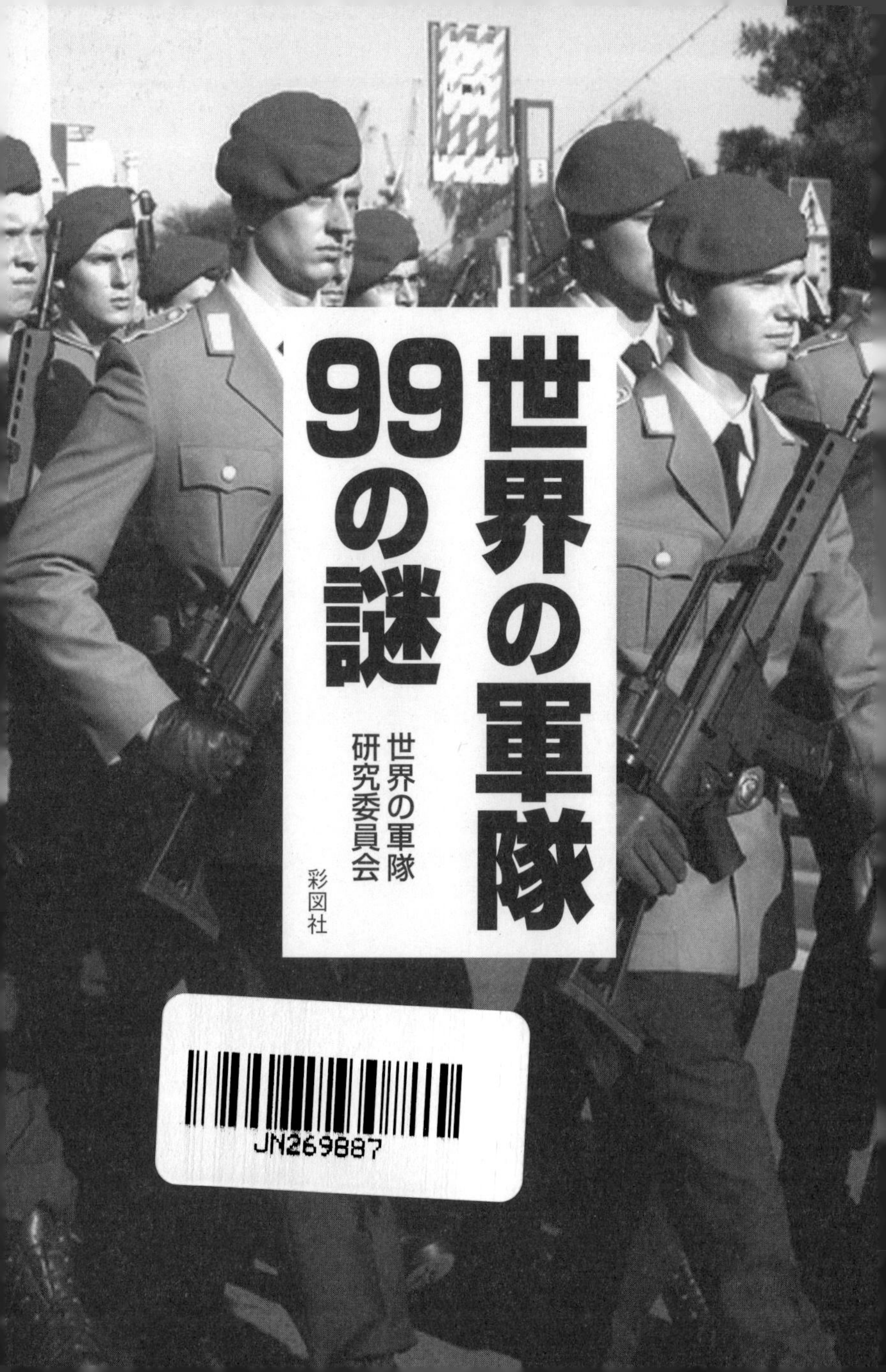

世界の軍隊99の謎

世界の軍隊研究委員会

彩図社

【カバー写真引用元】

・陸上自衛隊の写真（左上）（陸上自衛隊 HP【http://www.mod.go.jp/gsdf/】」）

【本扉の写真引用元】

（©w?odi and licensed for reuse under this Creative Commons Licence）

【章扉の写真引用元】

・３章扉の写真（「海上自衛隊 HP【http://www.mod.go.jp/msdf/】」）

はじめに

2012年9月、日本が沖縄県の尖閣諸島を国有化してから、中国はますます日本への反発を強めるようになった。また、北朝鮮の核開発問題などで、北東アジア地域全体が緊張状態を強いられている。

こうした影響から、近年、日本では国防への関心が一層高まっている。

現在の日本で国防を担う組織は、ご存知の通り自衛隊だ。

ただし、日本では憲法第9条で、「戦力の不保持」及び「交戦権の否認」を掲げている。このため、自衛隊もあくまで必要最小限の実力組織であり、「軍隊」ではないということになっている。

一方、世界を見てみれば、ほとんどの国々が軍隊を保有している。

では、こうした各国の軍隊とは、一体どのようなものなのだろうか。

本書では、自衛隊を含む各国軍の強さや特徴、保有している兵器、さらには軍事関連の雑学まで、多岐にわたる99の「謎」を取り上げている。

「アメリカ軍の弱点とは?」「スイス軍の〝傭兵の歴史〟とは?」「他国が攻めてきたら自衛隊は日本を守れるのか?」「未知の宇宙兵器〝神の杖〟とは?」「核戦争が今後起きるとしたらどんなシチュエーションが考えられるか?」「現代では戦争の〝民営化〟が進んできている?」

など、さまざまな「謎」を通じて、世界の軍隊の実像が垣間見られれば幸いである。

世界の軍隊研究委員会

世界の軍隊99の謎　目次

第2章 あの国はどのくらい強い？ 世界の軍隊の実力・特徴の謎

第3章 「必要最小限の実力組織」？ 日本を守る自衛隊の謎

第4章 歴史的な戦争からハイテク兵器まで 戦争と兵器の謎

第5章 意外と知らないことも多い？ 軍隊にまつわる雑学の謎

第1章

米・中・韓・朝・露――日本に身近な外国軍の謎

Q1 「世界最強」と名高いアメリカ軍の特徴とは?

現在、世界唯一の「超大国」と呼ばれるアメリカは、当然ながら軍の規模も非常に大きく、陸・海・空軍に加えて海兵隊や沿岸警備隊なども合わせると、総勢約157万人になる。これは、中国に次いで世界第2位の兵数だ。

ただし、アメリカ軍が世界最強の軍であるゆえんは、単純に兵力数が多いためだけではない。

例えば予算規模。2011年のアメリカの軍事支出額は約6900億ドル(当時のレートで約55兆円)で、これは、**2位の中国から15位のトルコまでを合計してもまだ足りない**ほどの額だ。

そしてもちろん、莫大な予算をつぎ込んだ成果は装備などに反映されていて、これまでほぼ負けなしの戦車「M1エイブラムス」を約5000両、イージス艦は全艦種を合わせて約80隻、さらに、戦闘機「F-15(イーグル)」は約900機……など、兵器の配備数でも他国を圧倒している。

特筆すべきは、超大型原子力航空母艦「ニミッツ級」が、10隻も現役で運用されていることだ。

現在、原子力空母の保有国はアメリカとフランスだけだが、フランス軍の原子力空母は「シャルル・ド・ゴール」1隻のみ。つまり、**世界に11隻しかない現役原子力空母のうち、実に10隻をアメリカ軍が運用している**のである。

さらに、こうした既存の兵器に加え、自軍の兵士を傷つけず、コストパフォーマンスも高い「無人兵器」や「戦争ロボット」などといった次世代兵器の開発にももちろん力を入れている。

そんなアメリカ軍には「世界中の国の同盟軍でも勝てない」とさえいわれ、まったく弱点がないわけではないが(24ページ参照)、現状では、やはりアメリカ軍が「世界最強」であることに疑いの余地はない。

軍事支出額（単位：100 万USドル）	国名（軍事支出額順）	軍事支出額の対GDP比
689,591	アメリカ	4.7%
129,272	中国	2.1%
64,123	ロシア	3.9%
58,244	フランス	2.3%
57,875	イギリス	2.6%
54,529	日本	1.0%
46,219	サウジアラビア	10.1%
44,282	インド	2.7%
43,478	ドイツ	1.4%
31,946	イタリア	1.7%
31,576	ブラジル	1.6%
28,280	韓国	2.7%
23,082	カナダ	1.5%
22,955	オーストラリア	1.9%
18,687	トルコ	2.4%

2011 年の軍事支出額と GDP 比の国別ランキング。アメリカは他国と比べて群を抜いている。（資料引用元：「世界ランキング統計局【http://10rank.blog.fc2.com/】」）

現在、世界には 11 隻の原子力空母が現役で存在するが、フランスの「シャルル・ド・ゴール」以外の 10 隻は、すべてアメリカ海軍が運用している。写真は、「ニミッツ級」原子力空母の中で最も新しく建造された「ジョージ・H・W・ブッシュ」。この艦が、ニミッツ級空母としては最終艦となる。

Q2

アメリカ軍の「切り込み部隊」こと「海兵隊」と「海軍」との違いとは？

アメリカ軍を語るうえで欠かせない存在が「海兵隊」である。

「マリーン」と言われるこの部隊の歴史は古く、1775年に創設され、太平洋戦争やベトナム戦争など、多くの戦争を戦ってきた。

日本にも、多くのアメリカ海兵隊員が配備され、**沖縄における在日アメリカ軍人は、約56％が海兵隊員**である。

彼らは最前線で戦う機会が多く、軍の「要」といっても過言ではない部隊なのだが、具体的にどのようなことをしているのかについては、あまり理解されていない。

その最大の理由として、海兵隊と海軍の区別がつきにくいということが挙げられるだろう。

確かに、海兵隊は海軍との共同作戦が基本であり、名前も似ているために一緒くたにされてしまいがちだが、両者の作戦目的や部隊構造には大きな違いがある。

海軍の主な任務は水上艦艇、航空機、潜水艦を用いた艦隊行動である。具体的には、敵艦隊の排除や海上航路の確保による制海権の確立、敵国公海内の航路封鎖、あるいは艦艇と航空機による地上施設破壊などを任務とし、当然、軍の編成も艦隊を中心としている。

一方、海兵隊の主任務は陸上での戦闘行動である。端的にいえば、艦艇に乗って敵地へ真っ先に上陸することが海兵隊の役割であり、アメリカ軍は侵攻作戦を支える**「切り込み部隊」**として、彼らを重宝しているのだ。

このように、海兵隊は海軍の一部ではなく、作戦目的や戦術が異なる別の部隊なのである。

さらに、海兵隊は装備の面でも、独自の航空機や

艦艇に乗って敵地に上陸する「切り込み部隊」ことアメリカ海兵隊員。他の国の軍隊にも海兵隊は存在するが、陸・海・空軍と同じように独立した軍として海兵隊部隊を置いているのはアメリカ軍のみである。

「ワスプ級」に代表される強襲揚陸艦（支援攻撃能力を持った揚陸艦艇）を保有し、高い侵攻力を有している。

そして、敵地切り込みという最も過酷な任務を負わされた隊員達の技量は、アメリカ軍兵士の中でもひときわ高い。

そんなアメリカ海兵隊の総兵数は20万人前後で、約34万人の海軍と比べると少ないが、その重要性から、陸・海・空軍と並ぶ独立した第4の軍組織として数えられているのだ。

なお、他の国の軍にも海兵隊は存在するが、前述のように、陸・海・空軍と同様、**独立した軍として存在する海兵隊は、アメリカ海兵隊だけ**なのである。

そして現在も、アメリカ海兵隊は各地の戦場に投入されており、２００１年からのアフガニスタン紛争や、２００３年からのイラク戦争においても大きく貢献しているのである。

Q3 アメリカ軍で最も有名な特殊部隊「グリーンベレー」とは？

アメリカ軍は、数々の「特殊部隊」を有することでも有名だが、中でも、抜群の知名度を誇るのが「グリーンベレー」こと、「アメリカ陸軍特殊作戦部隊」だろう。このグリーンベレーという通称の由来は、緑色のベレー帽を制帽としていることによる。

その歴史は、1952年6月、「戦略情報局（OSS）」出身のアーロン・バンク大佐によって組織された「第10特殊作戦グループ」が基になっている。

そんなグリーンベレーは、ベトナム戦争などの対ゲリラ戦で実力を発揮し、その実績から「対ゲリラ戦専門部隊」と思われているふしもあるが、実は、このような活動は彼らの任務の一部でしかない。

そもそもOSSは、「アメリカ中央情報局（CIA）」の前身でもあり、こうした背景もあって、グリーンベレーにも諜報能力が求められ、実際、現在でもCIAと行動を共にすることが珍しくない。

また、一説によれば、退役したグリーンベレー隊員の多くは、CIAに転職するとされている。

この他、グリーンベレーは破壊工作や後方攪乱《かくらん》など の任務も担い、友好軍や親米ゲリラの育成も実施する。つまり、グリーンベレーは**戦闘部隊であると同時に、諜報部隊であり訓練部隊でもある**のだ。

グリーンベレーに入隊するには、伍長以上の階級を持ち、さらに本人はもとより、親族に精神疾患者などがいないといった多数の条件を満たさねばならず、また、国家機密情報にアクセスができる認定証「セキュリティ・クリアランス」の取得も必要となる。

当然、隊員達の実力は高く、**「隊員1人につき歩兵200人の戦力になる」**と評されるほどだ。

数々の映画や小説の題材にもなっているグリーンベレーだが、その知名度は実力に裏付けられた賜物だといえるのである。

その通称名の由来である「グリーンベレー」（緑色の制帽）をかぶり、敬礼する隊員たち。

ベトナム戦争時、ヘリコプター内におけるグリーンベレーの隊員たち。グリーンベレーは対ゲリラ戦で実力を発揮したことから、「対ゲリラ戦専門部隊」と勘違いされることもあるが、実際の活動内容は多岐にわたる。

Q4 アメリカ政府がその存在を公に認めていない「デルタフォース」とは？

アメリカ軍には、その名は知られているにもかかわらず、**政府が公式に存在を認めていない特殊部隊**が存在する。それが、「アメリカ陸軍第1特殊部隊デルタ作戦分遣隊」、通称「デルタフォース」である。

アメリカの特殊部隊はベトナム戦争まで、野戦での任務を主体としてきた。しかし近年では、国家対国家といった大規模戦闘の可能性が低くなってきており、その代わりに、都市や重要施設に対するテロ行為への対策が重要となってきた。

そのため、「グリーンベレー」（前項参照）のベックウィズ大尉の提案に基づき、イギリス陸軍の特殊部隊「SAS」を参考にして、1970年代後半にデルタフォースが創設された。

デルタフォースは、要人警護や人質救出、テロリストの拠点制圧といった準軍事行動や警察行動に重点を置いているのが特徴だ。

メンバーは、グリーンベレーやレンジャーなどで高い技量を持つ将兵から募集され、その中から、さらに厳しい試験を通過した精鋭のみで構成されている。つまり、アメリカ陸軍のエリート中のエリートだけを結集させた部隊であり、**世界最高峰の実力を誇る特殊部隊**の1つだといわれている。

だが、その実績については、機密保持のため、公式に発表されることはない。そもそも、デルタフォースは装備や人員構成も明らかにされていないのだ。

ただ、戦地や事件現場における目撃情報はある。

例えば、2001年のアフガニスタン紛争では、デルタフォースと思われる兵士が警護任務に就いている場面が何度も見られている。さらに、イラク戦争時、サダム・フセイン元大統領の息子のウダイとクサイを襲撃殺害したのも、デルタフォースの隊員だったといわれているのである。

アフガニスタン紛争に従軍中のアメリカ陸軍兵士たち。アメリカ政府が公式に存在を認めていない特殊部隊「デルタフォース」も、この紛争に参加していたといわれている。

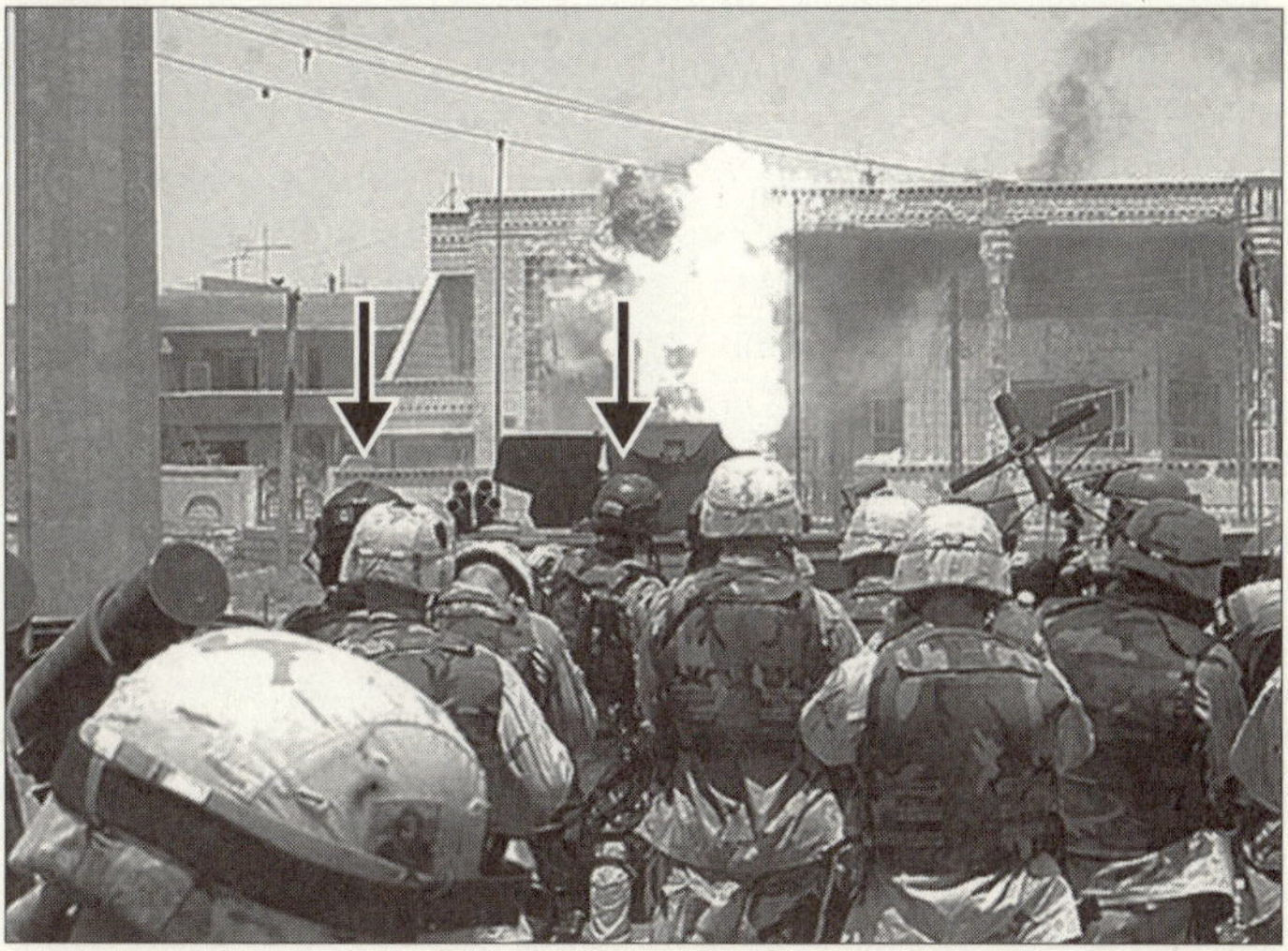

イラク戦争時、サダム・フセイン元大統領の息子、ウダイとクサイが立てこもる建物に対して攻撃を行うアメリカ軍兵士たち。このうち、矢印で示した黒いヘルメットをかぶっている兵士がデルタフォース隊員だと目されている。

Q5

アメリカの特殊部隊は陸軍だけではない 海軍の特殊部隊「シールズ」とは?

アメリカ軍の特殊部隊で、「グリーンベレー」「デルタフォース」については その名を知っていても、「シールズ」という名は聞いたことがないという人もいるのではないだろうか。

前2者が陸軍の特殊部隊であるのに対し、「シールズ」は、**海軍の特殊部隊**で、正式名称を「アメリカ海軍特殊部隊」という。

シールズは、太平洋戦争中に上陸支援を目的に設立された「水中破壊工作部隊（ＵＤＴ）」を発展させた形で１９６２年1月に発足。現在の隊員数は約２５００人で、東南アジア、ヨーロッパ、中東、中南米、極東アジア、地中海、アフリカといった地域別のチームで編成され、世界各地に分散配備されている。

シールズの最大の特徴は、**陸・海・空といった領域にこだわらず活動が可能**な点だ。

シールズのアルファベット表記は「SEALs」で、これは、「SEA（海）」「AIR（空）」「LAND（陸）」の頭文字から取られたもの。つまりシールズは、海軍ならではの艦艇護衛や水中偵察だけでなく、空からの降下作戦や戦闘車両による偵察、破壊工作、人質の救出活動など、あらゆる作戦が遂行できるのだ。

むろん隊員は、陸軍の特殊部隊同様、エリートばかり。砂漠や氷点下の北極海中でさえものともしない、強靭な体力と精神力を持ち合わせている。

また、シールズ隊員の中から、特に優秀な者を選抜して組織された「海軍特殊戦開発グループ（デブグル）」という部隊も存在し、この部隊は、対テロ専門のチームとなっている。

なお、２０１１年5月のウサマ・ビン・ラディン殺害作戦時に投入されたのはデブグルの隊員であると言われており、この際には、数十分で任務を完遂している。

アメリカ海軍の特殊部隊「シールズ」の隊員たち。海軍所属ではあるものの、陸·海·空を問わず活動する。

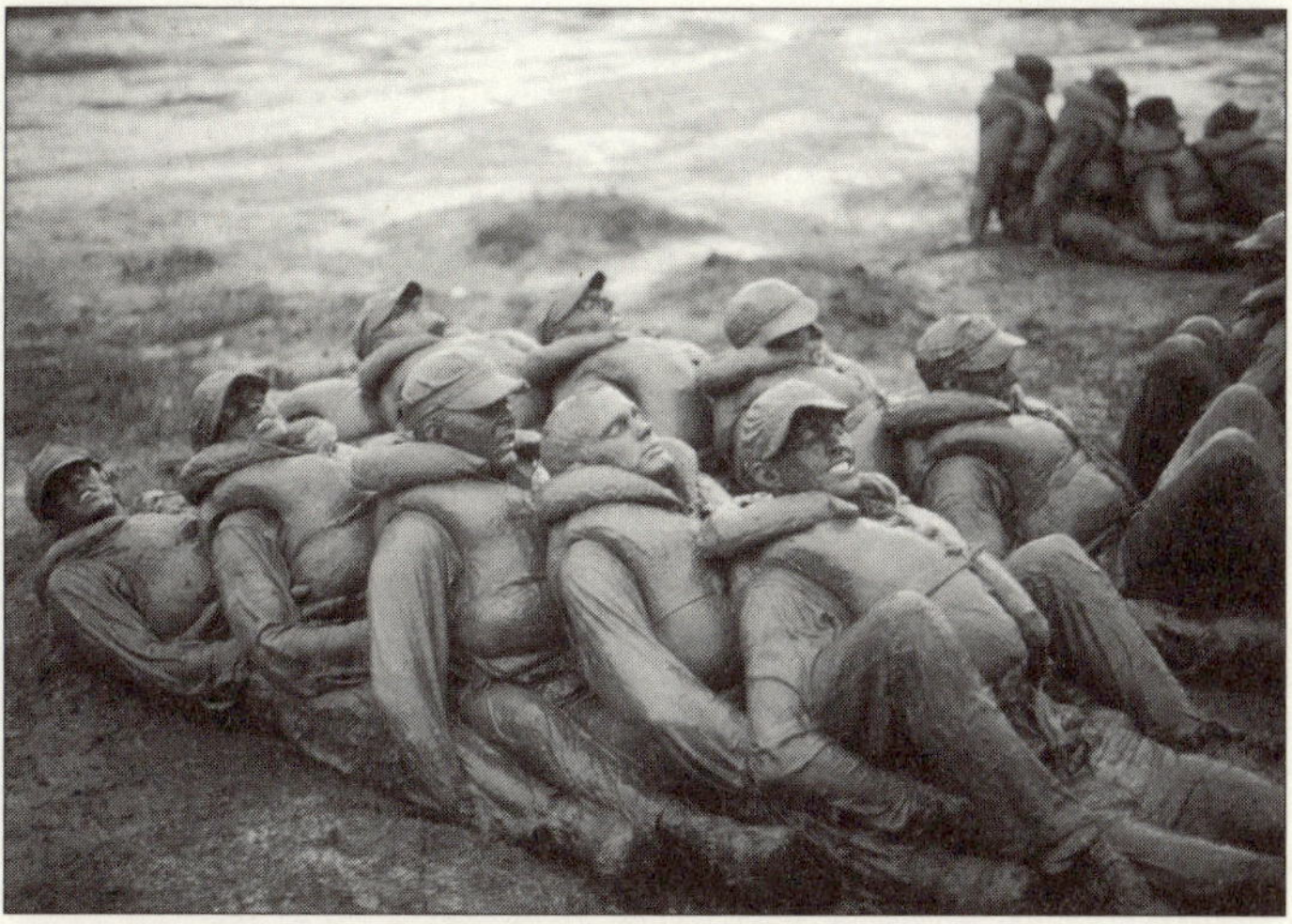

シールズに入隊するための訓練は非常に過酷である。中でも、「ヘル·ウィーク」（地獄週間）と呼ばれる時期の訓練（写真）はその名の通り特に辛く、腰の高さまである泥の中で、ボートを数キロ運ぶなどといった訓練が実施される。

Q6 「現状世界最強」のアメリカ軍の弱点とは？

現状、総合力ではアメリカ軍が「世界最強の軍隊」であることは、紛れもない事実といえる。とはいえ、そんなアメリカ軍にも弱点がないわけではない。

例えば、ゲリラやテロなどを相手にする戦いでは、アメリカ軍はいつも手を焼いている。ベトナム戦争（146ページ参照）などは、その好例だといえる。

また、2003年からのイラク戦争においても、正規軍同士の戦闘そのものは1ヶ月ほどで終わり、アメリカ軍（多国籍軍）が圧勝したが、その後もイスラム過激派は駐留するアメリカ軍に対し、ゲリラ攻撃や自爆テロで損害を与え続けた。

こうした攻撃にアメリカ軍兵士たちは苦戦し、**2003年の戦闘で約140人だった死者数は、戦争の終結を正式に宣言した2011年までに約4500人に増えた。**

そして、最近の**アメリカ軍の最大の弱点が、軍を維持するための膨大な軍事費が捻出できなくなりつつある**ことだ。

近年のアメリカは深刻な財政赤字にあり、議会は2011年11月に財政赤字削減協議が決裂したことを理由に軍事費の強制削減を決定し、2013年3月から削減が始まった。

今後も軍事費の削減が続くようであれば、必然的に軍備の縮小に繋がり、空母や爆撃機などといった重要な兵力の維持も簡単ではなくなるだろう。

実際、2013年9月に計画されたシリアに対する空爆が中止されたのも、実のところ軍の財政難が原因の1つだといわれているのである。

「世界の警察」として君臨し続けてきたアメリカ軍だが、国家の財政難が復調しなければ、将来的にかなり力を落とす可能性もあるのだ。

イラク戦争時のゲリラ兵。この戦争で、正規軍同士の戦闘では圧勝したアメリカだったが、その後の駐留中、ゲリラ攻撃やテロ攻撃で多くの兵士を失った。（©Menendj and licensed for reuse under this Creative Commons Licence）

米赤字削減、議会交渉が決裂
政権、再協議要請へ

財政赤字1・2兆㌦（約92兆円）の削減をめぐる米議会の与野党協議が決裂したのを受けて、米オバマ政権は議会側に再協議を求める方針であることがわかった。結論を出す期限は来年末になるため、その前の来年11月に行われる米大統領選でも争点になりそうだ。

世界債務危機

複数のオバマ政権高官が21日夜、明らかにした。赤字削減をめぐる協議が長引けば、米国の政府債務（借金）問題への懸念が再び強まるおそれがある。

今後10年でどうやって1・2兆㌦の財政赤字を減らすのか――。具体策を話し合ってきた与野党の超党派委員会は21日、合意を見いだせなかったと発表した。

このままなら、8月時点の合意に基づき、2013年から10年間、1・2兆㌦分が強制的に削られる。具

超党派委員会の決裂を受け、演説するオバマ大統領＝21日、ワシントン

障費などが、それぞれ半分ずつの割合でカットされる。国防戦略や経済成長への影響が大きいとして、懸念する声もある。

これについて、政権の高

欧州　銀行に経営不安

欧州では、危機が非ユーロ圏の国にも広がり始めた。国際通貨基金（IMF）などに資金支援を申し込んだことが21日明らかになったハンガリーでは、通貨や国債の値下がりで財政資金を集めることへの懸念が出ている。

国際決済銀行によると、ハンガリーに対する国外の銀行の融資や国債保有などは、今年6月末で計約1280億㌦（約9・8兆円）ある。このうち欧州の銀行が実に約94%を占める。中でもオーストリアの銀行が突出し、全体の約32%の残高を持つ。これにイタリア（約18%）、ベルギー（約13%）などの銀行が続く。

ま、8%台をつけ
政運営が難しくな
金利7%超の「危
大きく上回ってい
らさらに国債が値
金利の上昇が続け
リー国債を持つ銀
膨らむおそれがあ
銀行は損が増
に、国債などの資
ぎ、欧州各国の国
りをあおる可能性
行の経営がさらに
いように「貸し
り、景気悪化を助
れもある。
ユーロ圏を支え
にも主要銀行の経
すぶっている。

アメリカの議会で財政赤字記事削減協議が決裂したことを理由に、軍事費なども削減されるようになったことを伝える新聞記事。今後も軍事費の削減が続くようなら、重要な兵器の維持などが簡単ではなくなることが予想される。（画像引用元：「朝日新聞」2011年11月23日記事）

Q7 国家の経済成長が著しい中国軍の特徴とは?

世界最大の軍事力を持つ国はアメリカだが、軍人の数だけでいえば、中国軍が世界一である。

その数は、陸軍だけでも約160万人を誇り、海・空軍を合わせると**約229万人**という途方のない数に膨れ上がる。

また、世界第2位となった経済規模を背景に、兵士の数のみならず、装備の強化も着実に進めている。

それは、中国海軍が旧ソ連製の空母「ワリヤーグ」を再建造した「遼寧」を就役させたことや、空軍が戦闘機を旧式機から新鋭機の「J‐10」や「J‐11(Su‐27)」へ転換させていることからも明らかだ。また、陸軍も戦車部隊の近代化に着手している。

そんな中国軍は、陸軍と空軍については兵力を「瀋陽軍区」「南京軍区」など7つの軍管区に分けている。一方、海軍については「北海」「東海」「南海」の3大艦隊を設けて艦艇を各部隊に配備している。


また、陸・海・空軍の他にも、「第2砲兵隊」という軍事中央委員会直属の特別部隊を設けており、これは、弾道ミサイルの運用を司る専門部隊だ。

その詳細は明らかにされてはいないが、総兵力は約14万人前後、大陸間弾道ミサイル(ICBM)だけでも約20基を保有し、中・短距離ミサイルを含めると800基以上になるといわれている。

これらの弾道ミサイルは中国国内8ヶ所の発射基地に配備され、その射程内には日本や東南アジアはもとより、ワシントンまでもが含まれている。

これは、中国から地球全土を攻撃できるということで、そういう意味では、まさに第2砲兵隊は中国軍の切り札とも呼べる部隊であろう。

かつては「兵力だけの張子の虎」とも呼ばれていた中国軍だが、このように、現在では急速に力をつけつつあるのだ。

順位	国名	現役軍人数
1	中国	約229万人
2	アメリカ	約157万人
3	インド	約133万人
4	北朝鮮	約119万人
5	ロシア	約96万人
6	韓国	約66万人
7	パキスタン	約64万人
8	イラン	約52万人（正規軍＋革命防衛軍）
9	トルコ	約51万人
10	ベトナム	約48万人
11	エジプト	約44万人
12	ミャンマー	約41万人
13	ブラジル	約32万人
14	タイ	約31万人
15	インドネシア	約30万人
自衛隊（2013年３月のデータ）		約22万5000人

2012年時の世界各国の現役軍人数。中国軍は総勢約229万人を誇り、これは当然ながら世界一である。（資料引用元：「世界ランキング統計局【http://10rank.blog.fc2.com/】」）

中国軍のミサイル部隊「第２砲兵隊」が運用するミサイル「DF-21」を搭載した移動式発射装置。（©nice and licensed for reuse under this Creative Commons Licence）

Q8 国民ではなく共産党を守る中国軍の成り立ちとは？

中国軍の正式名称は「中国人民解放軍」であるが、この軍には、他国の軍隊とは決定的に違う点が1つある。それは、**彼らは国防軍ではなく、中国共産党を守る軍である**ということである。

言い換えれば、人民解放軍は共産党の党軍（私軍）であり、そのため、共産党と国民との間に利害が発生すれば、軍は国民に対して銃火を向けるのだ。

事実、1989年には、**民主化を求めたデモ隊へ戦車部隊が攻撃を仕掛け、多数の死者を出した「天安門事件」**が起こっている（詳細な死者数は、数百～数万まで多数の説があり定かではない）。

そんな人民解放軍は、1927年に共産党が組織した「紅軍」を起源とする。当時の共産党は中華民国政府の一員だったが、国民党から弾圧されて政府を離脱し、江西省の南昌で武力蜂起に踏み切った。

しかし結局、このときは国民党軍に敗北して井岡山への逃避を余儀なくされたが、その後、毛沢東により組織は強化され、1937年からの日中戦争では、国民党と手を組み日本軍を相手に戦った。

日中戦争後、中国は再び内戦状態に突入したが、このとき紅軍は民衆からの支持を集め、国民党に対して優位に立つ。そして内戦再開から1年後の1947年、紅軍は「人民解放軍」を名乗り始めたのである。

その後、人民解放軍は1949年に国民党軍を台湾へ追いやり、1950年からの朝鮮戦争と1979年の中越戦争を経験した後、80年代の鄧小平政権時と90年代の江沢民政権時に行われた改革で軍の近代化を進めてきた。

そしてご存じの通り、この軍拡の傾向は21世紀に入っても変わらず、むしろ経済発展の恩恵を受けてさらに加速してきているのである。

中国人民解放軍の全身「紅軍」の騎兵隊。この軍は、共産党が組織する軍であり、今日も、その体制は変わっていない。

天安門、死者千数百人に

一斉射撃で制圧

装甲車、学生をひく

軍、北京大構内に突入

ホメイニ師

保守・金子氏が当選

新潟知事選 革新追撃及ばず

2列車吹き飛び死者650人

ソ連、パイプライン爆発

民主化を求める民間人のデモ隊に対し、中国軍が攻撃を行った「天安門事件」を報じる新聞記事。なお、見出しには「死者千数百人」とあるが、今なお最終的な犠牲者数は明らかになっていない。（画像引用元：「読売新聞」1989年6月5日記事）

Q9 中国が海軍を強化している背景にある「列島線戦略」とは？

軍拡を推し進める中国だが、中でも、海軍の強化には特に力を注いでいる。

20世紀の中国軍は、旧ソ連をはじめとする近隣国からの防衛と国内の安定維持のため、陸軍の強化に重点を置いてきた。

しかし、冷戦が終結してソ連も崩壊し、さらに20世紀の終盤から経済力も拡大してくると、それまでの方針から一転して、海軍力の増強に努めるようになった。

その背景には、**「列島線戦略」**と呼ばれる軍事計画が関係している。

1982年、中国は海軍の遠洋進出を目指して、「中国艦隊が越えるべき2本のライン」を海上に引いた。

1本目は、ボルネオ島から始まり、フィリピン、台湾、沖縄、九州を繋いだ「第1列島線」と呼ばれるライン。

そして2本目が、パプアニューギニアから伊豆諸島までに引かれた「第2列島線」と呼ばれるラインである。

中国は、第1列島線を2010年代中に、第2列島線を2020年代中に突破することを目標にしており、これを実現するためには、元来、沿岸警備程度の戦力しかなかった海軍の増強が不可欠というわけだ。

列島線突破の具体的な目的は、**領域内の資源や海上航路などといった海洋権益の確保及び、潜在的な仮想敵国であるアメリカの海軍や空軍を自国に近づけないようにする**というものである。

よって、もしこの戦略が成功してしまえば、日本を含む周辺のアジア国家のみならず、アメリカも多大なる不利益を被ることになる。

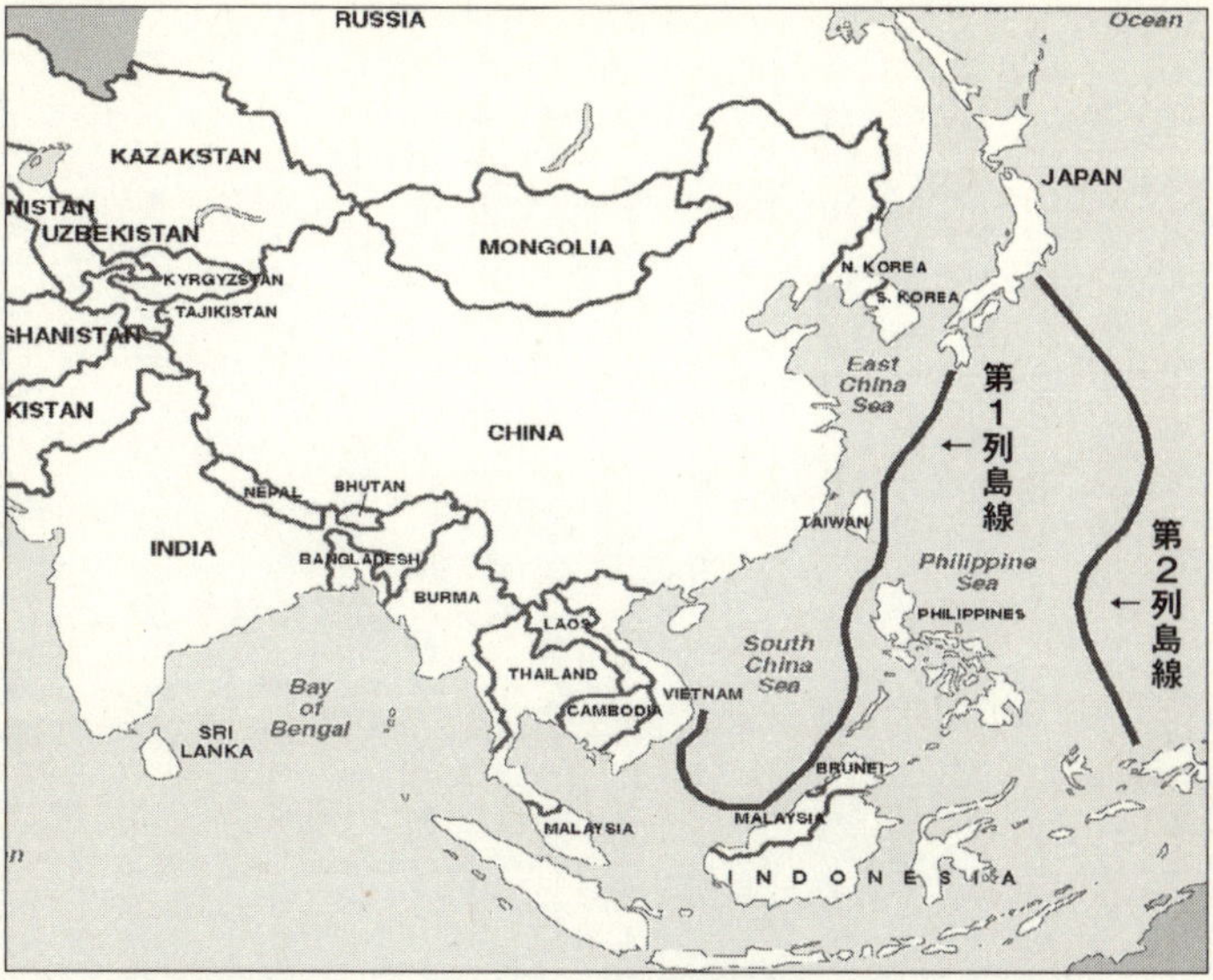

中国が軍事的戦略として引いている「第１列島線」、及び「第２列島線」。

実際、中国海軍が第２列島線まで突破してしまえば、ハワイ諸島やアメリカ西海岸までもが直接的な脅威にさらされることにもなりかねない。

しかし、**中国の列島線突破が実現するかどうかについては、大いに疑問**である。

なぜなら、当然ながらアメリカは中国に対する警戒を怠っておらず、衛星や潜水艦などを用いて、中国艦艇の監視活動を続けている。

また、中国軍が列島線の突破が可能な外洋艦隊を獲得するには、数兆ドル単位の建造費と維持費がかかるといわれている。

そのため、いくら経済成長が著しいとはいえ、そこまでの予算を用意することはできないのでは、と考える識者も少なくない。

とはいえ、中国海軍が外洋進出に本腰を入れているのは紛れもない事実であり、積極的に遠洋訓練なども行っているため、今後も、その動きからは目が離せない。

Q10 5万人規模の中国軍の特殊部隊「緊急展開部隊」とは？

兵数が頼りの作戦を「人海戦術」といい、この言葉は毛沢東による造語だという説がある。

かつて、中国は人海戦術を重視していたが、20世紀の後半に入ると方針の転換を余儀なくされた。なぜなら、兵器の発達により、兵数が優位であるだけでは、軍事力が高いといえなくなったからだ。

このように、兵士の数よりも兵器の近代化などを向上させる必要に迫られた中国軍は、それを進める一方で、軍内部の精鋭を結集させたエリート部隊の創設にも着手する。

それが、中国陸軍の特殊部隊「緊急展開部隊」だ。

この部隊の詳細は機密扱いであり、一切明らかになっていないが、わずかな情報から推測されることは、総兵力が約5万人であること、メンバーは厳しい入隊試験によって選抜され、将校クラスは全員陸・海・空軍大学の卒業生であり、隊員の60％が大学卒業レベルの教育を受けているということなどである。

優秀な人材を集結させているため、部隊の技量は当然ながら高い。

現在、中国にあるすべての軍区にこの緊急展開部隊が分散配備され、輸送機部隊を活用することで、国内外への迅速な展開が可能になっているといわれている。

そして、もし**日中間の尖閣紛争、あるいは中台紛争が起きてしまった場合には、機動性に優れたこの部隊が投入される**だろうと予想されている。

機動力が重視されるこれらの戦地において、緊急展開部隊は、まさにうってつけの存在だ。したがって、中国軍が今後もこの部隊の強化に力を入れていけば、日台にとっての脅威となる可能性が高いのである。

訓練のウォーミングアップで素手戦を行う中国軍の特殊部隊「緊急展開部隊」の兵士。
（写真引用元：「別冊宝島 1615 公開！ 世界の特殊部隊」）

演習地まで移動中の緊急展開部隊の様子。仮に、尖閣紛争や中台紛争が起きた場合には、この特殊部隊の投入が予想される。（写真引用元：「別冊宝島 1615 公開！ 世界の特殊部隊」）

Q11 幹部の汚職・小皇帝問題……中国軍が抱える数々の問題とは？

まるで世界征服を狙っているかのように、年々増長を続ける中国軍だが、一方で、問題が多いことも事実だ。

それは、システムの不備や兵器開発の遅れといったことだけでなく、軍内部の問題も多く取りざたされている。

例えば、中国は近年の急激な経済発展に伴い、拝金主義がはびこっているが、それは軍でも同様で、**幹部の汚職が相次ぎ、軍の備品や物資の横流しが横行している**という事実がある。

具体的にいえば、2007年には、陝西省と四川省の軍需倉庫から多数の戦闘機や軍用車両がなくなり、解体された部品が企業に密売されるという事件が起こり、また、2012年には軍用地や兵舎を管理していた谷俊山中将（当時）による軍用地の転売が発覚している。

しかも、これらは幹部による汚職行為のごく一部だといわれるほどなのだ。

一方、幹部だけでなく、末端の兵士についても問題があり、その好例が「小皇帝問題」である。

これは、「1人っ子政策」でわがままに育てられた若い兵士たちは国防の意識が非常に低いという問題で、軍の規律に従わなかったり、危険な任務を拒否するなど、およそ軍人とは思えない傾向が見られるという。

ひどい例を挙げれば、**潜伏の演習中にもかかわらず、ポータブル音楽機器が手放せなかったため、居場所が突き止められた**兵士さえいたそうだ。

このように、中国は経済発展を遂げ、それに伴い軍事力も高まってきたが、その反面、軍人たちの「人間力」はなかなか上がっていないというのが、実情なのである。

汚職が原因で中将を解任された中国軍の谷俊山氏。しかし、中国軍幹部の腐敗は深刻で、彼が起こした事件なども氷山の一角に過ぎないと見られている。(写真引用元：「欧华传媒网【http://www.ouhuaitaly.com/】2013年2月8日記事」)。

「1人っ子政策」を啓発するためのタイル絵。この政策により、ある程度人口は抑制されたが、「小皇帝問題」が軍部にもはびこるなどの弊害も生まれた。

Q12 「国防改革基本計画」を策定し軍備増強に励む韓国軍の特徴とは？

北朝鮮との軍事的な緊張状況が続いている韓国軍は、長年にわたって軍備の増強を進めてきた。

中でも、力を入れているのが陸軍の拡充で、これは、北朝鮮軍が、38度線を越えて侵攻してくる可能性があるからだ。

具体的には、国産戦車「Ｋ１」の開発や、その改良型の「Ｋ１Ａ１」の実用化、そして新型戦車「Ｋ２」の開発などがその一例だが、近年では、こうした陸戦重視の方針に変化が見られ、力点が空・海軍の増強に傾いているようだ。

実際、海軍では２００８年にイージス艦「世宗《せいそう》大王級」を配備し、空軍も、対地戦闘では世界最高の性能を誇る戦闘爆撃機「Ｆ‐15Ｅ」をアメリカから購入し「Ｆ‐15Ｋ」として運用している。

このように、韓国が空・海軍の近代化を進める理由は、北朝鮮だけでなくあらゆる脅威への対処を目的とした「全方位体制」の確立を目指したためだ。

そして、韓国のいう「脅威」の中には日本も含まれ、**韓国の仮想敵国は日本**だという声もある。

竹島周辺で見られる航空機の哨戒飛行、及び、２００７年に就役した新型揚陸艦に「独島（竹島の韓国名）」という名をつけたことなどからも、日本に対する警戒心がうかがい知れるだろう。

また、２０１２年には**「国防改革基本計画」を策定し、更なる軍備増強を決定**。その計画の内容は、射程１０００キロ級のミサイル「玄武Ⅲ」を中心としたミサイル部隊の拡充、潜水艦隊司令部の創設、そしてサイバー司令部の大幅増員などである。

ただ、これらを実現させるためには当然ながら多額の予算が必要である。詳しくは次項で述べるが、経済危機の続く中、計画通りに進むかどうかなど、不安材料が多いことも事実なのだ。

韓国陸軍の将校を養成するための軍事学校「韓国陸軍士官学校」の生徒と教官たち。
(©UNC -CFC-USFK and licensed for reuse under this Creative Commons Licence)

韓国海軍のイージス艦「世宗大王級駆逐艦」。2008 年から配備され、その戦闘能力は、高く評価されている。

Q
13

韓国は経済状況が良くないため軍にもしわ寄せがきている?

韓国軍が周辺有事に備えてイージス艦「世宗大王級」や「F・15K」を保有しているのは前項の通りだが、こうした兵器の維持状況には不安もあり、例えば、F・15Kが使用する対艦ミサイルは各機につき1発ずつしか配備されず、また、空対空ミサイルや対地爆弾なども、最大で10日分の備えしかないという。

また、無事な機体から部品を取り出す「共食い整備」も横行しており、韓国空軍の航空機全体の稼働率は6割から7割にとどまるといわれる。自衛隊が9割を維持していることと比較すれば、その稼働率の低さが分かるだろう。

また、陸・海軍でも兵器の整備状況は不安定で、2010年11月に起きた延坪島《ヨンピョンド》砲撃事件の際には、「K9」という自走砲6門のうち、実に3門が故障で使えなかったという大失態を犯している。

これらの問題の背景にあるのが、韓国経済の置かれている状況だ。

韓国で好調なのはサムスンなどの一部企業のみで、全体的には昨今のウォン高の影響もあり、決して明るいとは言えない。

こうした**経済状況が軍にも影響を及ぼし、前述のように兵器の整備状況が良くないという形で現れている**といえる。

それでも韓国軍は正面装備(戦闘に直接使用される兵器)の配備にこだわり、戦車「K2」などの最新兵器の開発に力を入れているが、国内経済の低調が祟り、開発時期が遅延するなどのケースもあるという。

いずれにせよ、韓国軍が抱えるこうした諸問題を解決するには、国内の経済状況の改善が急務だといえるのだ。

韓国空軍の戦闘爆撃機「F-15K」。対地戦闘では世界最高性能を誇るといわれるが、その維持状況は万全とはいいがたい。

韓国で開発している次世代戦車「K2」の模型。本来、2011年に配備されるはずだったが、開発中のエンジン、及びトランスミッションに欠陥が発見されたため、現在、まだ完成はしていない。

Q14 周辺国家に緊張を与え続ける北朝鮮軍の特徴とは?

最高指導者・金正恩《キムジョンウン》による独裁体制を現代も続ける北朝鮮。

その体制を維持するため、また、朝鮮戦争が未だ終結していないため、北朝鮮軍の兵数は国内総人口の約5%に相当する約119万人と非常に多く、これはなんと**世界第4位**という規模である。

なお、その内訳は、海軍が約6万人、空軍が約11万人、そして陸軍が100万人以上というものだ。

兵器は、戦車約3500両、戦闘機約850機を保有。1960年代から「四大軍事路線」(全軍の幹部化、全軍の近代化、全国民の武装化、領土の要塞化)に基づき、軍備増強を進めてきた。

とはいえ、北朝鮮軍の保有する兵器は、老朽化が著しいという致命的な弱点がある。その多くが1950年代の旧ソ連製で占められ、燃料と部品の不足から、稼動すらままならない状態なのだ。

さらに、慢性的に経済状況が悪いため、食量不足などから兵士たちの士気や練度も低く、仮に、韓国、あるいは日本を相手に戦争をしたとしても、普通に戦えば、まず北朝鮮軍に勝ち目はないと考えられる。

ただし、次項でも解説するが、北朝鮮軍は「ノドン」や「テポドン2」などといった中・長距離弾道ミサイルを保有しており、そういった意味では決して侮れない。

また、**伝統的に諜報力が高く、現在でも数万人の工作員が韓国や日本に潜伏し、諜報活動に従事している**といわれている。

これらに加え、現在開発中の核爆弾が完成してしまえば、北朝鮮の危険度は飛躍的に向上することになるだろう。

こうした「切り札」の数々が、北朝鮮軍が脅威と呼ばれるゆえんなのである。

朝鮮戦争の軍事境界線（非武装地域）で警備を行う北朝鮮の陸軍兵士。北朝鮮軍は陸軍だけで100万人を超す兵士がいるが、彼らの士気や練度は概して低い。

北朝鮮の最高指導者である金正恩（右）は、朝鮮労働党中央軍事委員会の委員長でもあり、北朝鮮軍の全権を掌握している。（写真引用元：「平成24年版 日本の防衛 防衛白書」）

Q15 北朝鮮軍のミサイル配備・開発の状況はどうなっているのか？

前項でも述べた通り、北朝鮮軍は弾道ミサイルの配備に力を入れている。

これは、経済的に貧しいため、多額の費用を使い多くの近代兵器を揃えるより、少数でも保有していれば他国に脅威を与えられるミサイルを開発したほうが、費用対効果に優れているという考えからだと推察できる。

そんな北朝鮮が保有している弾道ミサイルは、短距離型の「KN‐02」や中距離型の「ノドン」「テポドン」、また、長距離型の「テポドン2」などがあり、この他、開発中とされる大陸間弾道ミサイル「KN‐08」の存在も知られている。

これらの中で、最も脅威なのがテポドン2だ。テポドンの改良型であるこのミサイルの射程は最低でも6000キロ、可能性としては1万キロ以上との分析もあり、これは**北朝鮮からハワイ、場合によってはアメリカ本土まで到達する距離に相当する**のである。

北朝鮮はこうした弾道ミサイルを、約2000基配備しているとされ、その発射基地は確認されているだけでも10ヶ所以上といわれている。

これらのミサイルに搭載され、到達点に甚大な被害を及ぼすのが、核弾頭である。

現在まで、北朝鮮は3回にわたる核実験を行うなど、核開発を進めていることは明白だ。

ミサイルに搭載するための小型化に成功したかについて意見は分かれているが、2013年4月、アメリカ国防省の情報機関「国防情報局（DIA）」は、「核爆弾搭載能力を獲得した可能性が高い」との報告書を作成しており、今後も、北朝鮮のミサイル、及び核兵器の開発状況については、注視していく必要がある。

北朝鮮が「人工衛星（光明星３号２号機）の打ち上げ」と称して2012年12月に実施したミサイル（銀河３号）の発射。（写真引用元：「平成25年版 日本の防衛 防衛白書」）

Q16

かつてはアメリカと世界の覇権を争ったロシア軍の特徴とは?

近年、ロシアは国際社会での影響力を取り戻すべく、近隣国との連携を強化する一方で、軍事力の拡充も推し進めようとしている。

現在のロシア軍は、陸・海・空軍合わせて約96万人の兵数を擁し、これに、国境警備隊などの組織も合わせると、さらに約47万人の人員が追加される。最盛期は500万人規模で、世界一を誇ったソ連時代と比べれば兵数はまるで及ばないが、装備の内容に関しては、冷戦期よりもかなり進歩しているといえる。

まず、陸軍の戦車**「T・90」は、世界最強と名高いアメリカ軍の戦車「M1エイブラムス」に匹敵するほどの性能を持つ**といわれており、数も非常に多い。

一方、海軍が最も力を入れているのが潜水艦部隊で、水中排水量4万8000トンという世界最大の原子力潜水艦「タイフーン級」をはじめ、稼動する潜水艦の数は約60隻。約70隻を有するアメリカ海軍にも引けを取らない。

また、空軍では**主力機「Su・27」が、世界最高峰の戦闘機の1つに数えられ**、航空部隊では、この機体を含めた、およそ1600機の作戦機が配備中である。

ロシアは、ソ連崩壊からの経済不安で軍事費が抑えられ、また、整備部品が不足し、兵士に対する訓練も十分に行うことができない時期がしばらく続いていた。

さらに人件費も抑制されたため、兵士の不満は高まり、将校の腐敗も指摘された。

しかし、2000年にプーチン大統領が就任し、軍の再建に乗り出してからは、前述の通り、かつての強大さを取り戻しつつあるのだ。

ロシア陸軍の戦車「T-90」。世界最強といわれるアメリカ軍の戦車「M1 エイブラムス」に匹敵する性能を持つ。

ロシア海軍の原子力潜水艦「タイフーン級」。ただし維持費がかかり過ぎることなどから、この艦については、6 隻のうちすでに 3 隻が解体され 2 隻が予備役になっている。(©CP\M and licensed for reuse under this Creative Commons Licence)

Q17 ロシア軍内に存在する「宇宙軍」とは？

軍隊というものは、陸軍、海軍、空軍の三軍で構成されるのが普通であるが、ロシア軍には、なんとそれらに加えて**「宇宙軍」**なるものが設置されている。

宇宙軍などと聞くと、ＳＦ映画に出てくるような宇宙兵器などを想像してしまうが、実際には、弾道ミサイル攻撃からの防衛と人工衛星の整備と開発を主任務とした、いわば弾道ミサイル防衛部隊に衛星管理がプラスされたような組織なのである。

実は、世界で初めて宇宙軍を設立したのはロシアではなくアメリカだった。

人工衛星技術の発展とミサイル防衛の円滑化を進めるために、アメリカは各軍の宇宙機材の統合運用を目的として、１９８５年に宇宙軍を創設。これに続く形で、ロシアは１９９２年に同様の宇宙軍を設立したのである。

現在、先進国の軍隊は偵察・情報収集・軍事システムの運用などの面で人工衛星を頼りにしており、宇宙空間の活用なしでは国防が成り立たない状態になっている。

このような状況を受け、ロシア宇宙軍は１９９７年に一旦、戦略核兵器戦力の主力である戦略ロケット軍に編入された。しかしその後、２００１年に再創設され、さらに２０１１年には、一部空軍部隊と統合されて、「航空宇宙防衛軍」となった。

ちなみに、アメリカの宇宙軍は、２００２年に戦略軍と統合する形で、発展的に解消することとなった。

前述のように、２００１年から新しく生まれ変わったロシア宇宙軍は既存の任務だけでなく、**新型衛星やレーザー照射機などといった宇宙用の兵器、さらには、宇宙空間での活動や攻撃行為が可能な**

レニングラード州に建つ、「ロシア航空宇宙防衛軍」の早期警戒レーダー。ロシア宇宙軍は、2011年に一部空軍と統合され、現在の名称になった。（©the Presidential Press and Information Office and licensed for reuse under this Creative Commons Licence）

航空機の開発にも従事しているという。

冷戦時代の初期から宇宙開発を進めていただけのことはあり、ロシアは21世紀になっても、宇宙関連の技術開発力については、アメリカに引けを取っていない。

ロシアの他には、近年、インドと中国も宇宙分野に大いに関心を寄せていて、中国軍は２００７年に衛星攻撃兵器（ＡＳＡＴ）を使用した衛星破壊実験を成功させ、将来的には宇宙軍の創設も予定しているという。

また、インドも近い将来に宇宙軍を設立する予定があり、現在はまだ目立った動きはないが、新興国の中でも力のある国であるため、宇宙戦力の獲得も現実味を帯びているといえる。

このように、将来的に見ればもはや宇宙軍はロシアだけの珍しい組織ではなく、世界各国の軍隊で、当たり前のように設置されるようになるのかもしれない。

Q18 ロシア軍の中の「最強特殊部隊」とは？

ロシア軍の特殊部隊としては、よく「スペッツナズ」の名が挙がるが、実は、このスペッツナズとは「特殊部隊」を指すロシア語で、固有名詞ではない。つまり、スペッツナズは複数存在するのだ。

そんなスペッツナズの中でも、知名度が高いのが「参謀本部情報総局（GRU）」に所属する「GRUスペッツナズ」だ。

このGRUスペッツナズの前身は、東西冷戦が激化した1950年に創設された46個の「独立特殊任務中隊」で、当初は各中隊ごとに120人、合計で約5500人が配備されていた。

さらに、最盛期といわれる1961年ごろには10個旅団を有する大規模組織に発展し、70年代に入ると規模は縮小されたが、1979年のアフガニスタン侵攻にも参戦し、当時のアフガニスタン大統領・アミーン氏、及びその家族の暗殺に携わったといわれている。

そんなGRUスペッツナズは、ソ連崩壊後も、二度にわたるチェチェン紛争などいくつもの秘密作戦に参加しており、モスクワやシベリアなど、6つの軍区に9個旅団の部隊が設置されている。

そして、GRUスペッツナズの中でも「最強」と評される集団が、「空挺軍第45独立親衛特殊任務連隊」、いわゆる**「空挺スペッツナズ」**だ。

空挺スペッツナズの隊員数は約4000人。彼らは約3万5000人の空挺軍の中から選抜された精鋭集団で、チェチェン紛争では多くの実績を上げたため、大統領から感状（軍事面で特別な功労を果たした者に発給する文書）が授与されている。

ちなみに、空挺スペッツナズのスローガンは**「最強の者が勝つ」**。このスローガンにも、精鋭集団たる自負が表れているといえよう。

ソ連時代の「GRUスペツナズ」の隊員たち。「スペツナズ」とは、ロシア語で「特殊部隊」という意味である。(©Darz Mol and licensed for reuse under this Creative Commons Licence)

ロシアの特殊部隊の中でも「最強」と名高い「空挺スペツナズ」の隊員（公開ショーにおける様子）。(©Vitaly Kuzmin and licensed for reuse under this Creative Commons Licence)

Q19 著しい経済成長によりロシア軍はどう変わっていくのか？

ソ連崩壊を機に景気の低迷が続いていたロシアも、近年の原油の高騰などにより貿易黒字が増大し、2012年にはGDPが世界第8位になるなど、経済面は復活の兆しを見せている。

このままロシアが力を取り戻していけば、おそらく、軍事費も増えていくだろう。

では、ロシアの経済成長は軍隊をどのように変えていくのだろうか。まず考えられるのが、空軍の近代化である。

2012年8月、プーチン大統領はロシア空軍の増強こそが急務であると宣言し、**2020年までに最低600機の最新鋭機と1000機のヘリコプターを導入**すると発表した。

そのためにつぎ込まれる予算は日本円にして約50兆円だといわれ、もしこの計画が実現すれば、ロシア空軍は世界随一の航空戦力を得ることになる。

この際、空軍の中核戦力になると目されているのが、「T-50」という設計名称で呼ばれるステルス戦闘機（174ページ参照）で、今後、経済が落ち込まなければ、2015年から2016年までに量産態勢を整える予定となっている。

さらに、戦力の強化は海軍でも進められる。現在、ロシア海軍は旧式空母「アドミラル・クズネツォフ」に代わる新空母の建造を計画中で、順調に進めば2016年から建造が始まり、2022年ごろには排水量8万トン級の原子力空母が就役する予定だ。

この計画が成功すれば、ロシア海軍は念願の空母機動部隊を保有することができ、「強いロシア」は完全復活することになるだろう。

ただもちろん、これらの計画が実現するかどうかは経済状態次第であるため、今後の経済政策が成功するかどうかが、軍の発展の鍵なのである。

ロシア空軍が開発中の次世代ステルス機の試作機「T-50」。(©Alex Beltyukov and licensed for reuse under this Creative Commons Licence)

ロシア海軍の航空母艦「アドミラル・クズネツォフ」。この空母に代わる新型原子力空母の建造が計画されている。

第2章

あの国はどのくらい強い？
世界の軍隊の実力・特徴の謎

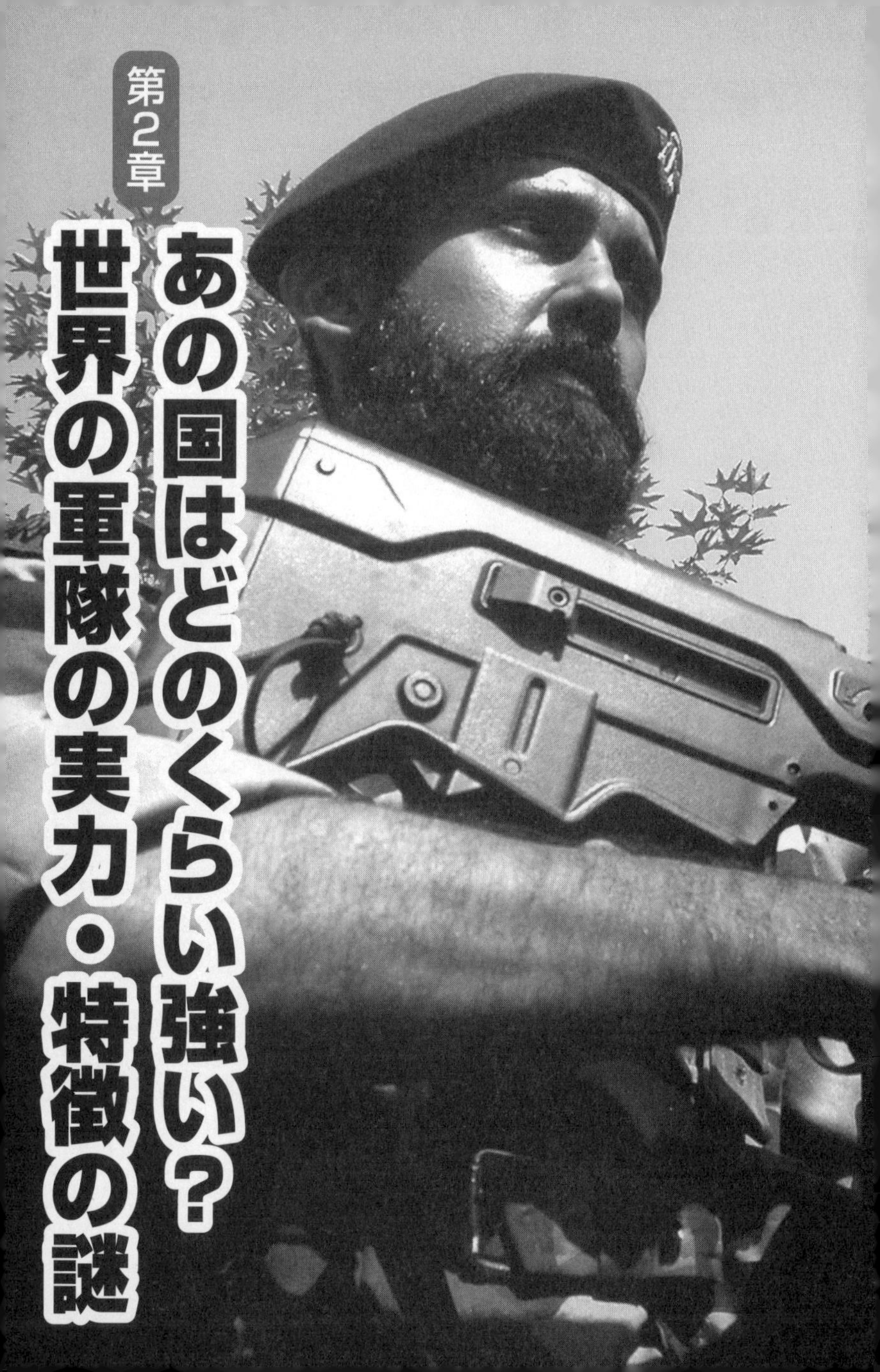

Q20 イギリス軍は未だかつて負けたことがない？

現在、国際連合の常任理事国は、アメリカ、イギリス、フランス、ロシア、中国である。

このうち、アメリカはベトナム戦争、ロシアは帝政ロシア時代に日露戦争、中国は中越戦争で敗戦を経験し、フランスに至ってはナチス・ドイツに占領されたという歴史がある。

そんな中、唯一、20世紀以降の近代戦で**「負けなし」なのがイギリス軍**だ。

1914年に始まった第一次世界大戦で、イギリスは、4年間戦い抜いて戦勝国となる。しかし、その後の大恐慌によって国力が衰退してしまい、政治も混乱の一途を辿る。

その影響によって弱体化したイギリス軍は、第二次世界大戦で苦戦を強いられることになる。

イギリスの大陸遠征軍は、機動力を活かしたドイツ軍の速攻戦術の前に次々と敗退。また、イギリス本土も潜水艦による海上封鎖と爆撃で多大なる被害を受け、本土決戦に備えて国民が即席銃を作って武装するほどに追い詰められてしまった。

それでも、空軍が「バトルオブブリテン」と呼ばれる1ヶ月間の航空戦に打ち勝ち、北アフリカ戦線でも陸軍がドイツ戦車軍団の撃退に成功。アメリカ軍や他の連合国の力を借りつつ、徐々にドイツ軍を各地で撃破していくことになる。

こうして、結局第二次世界大戦でも戦勝国となり、それから37年後に起こったフォークランド諸島の所有権を巡るアルゼンチンとの紛争（フォークランド紛争）でも勝利を収め、湾岸戦争やイラク戦争でも勝利側に名を連ねている。

現在は、約17万人の兵数を擁し、2012年の軍事費は世界第4位のイギリス軍。歴史ある大国の中では、稀な常勝軍団なのである。

イギリス陸軍の伝統的な近衛部隊。（©Jon and licensed for reuse under this Creative Commons Licence）

世界でも屈指の海軍力を誇ってきたイギリス。冷戦終結後は、紛争対策などのため、世界の海に駆逐艦を派遣するなどしている。写真は、ペルシャ湾を航行するイギリス海軍の艦隊。

Q21 世界で初めての老舗特殊部隊 イギリスの「SAS」とは?

第二次世界大戦真っただ中の1941年、ドイツを中心とする枢軸国軍相手に苦戦を強いられていたイギリス陸軍は、デビッド・スターリング少佐の提案により、ゲリラ戦を主任務とする特別攻撃隊を創設する。

この部隊こそが、**「世界初の特殊部隊」**といわれる「SAS(Special Air Service:特殊空挺部隊)」なのである。

SASは、北アフリカ戦線やノルマンディー作戦に投入され、後方撹乱や諜報任務などで活躍。終戦時には一時解体されたが、国防義勇軍の傘下として再編成され、50年代のマレーシア動乱や60年代のインドネシアといった紛争地で戦い、ゲリラ・テロリストへの高い対応力を身につけた。

そして現在では、いかなる場所や状況であっても任務を遂行できる、**世界最高峰の特殊部隊**として知られている。

そんなSASは3個連隊で構成されており、実際に戦闘任務に携わるのは、4つの戦闘中隊からなる「第22SAS連隊」である。

その選抜試験は世界中の特殊部隊で最も厳しいとされ、2週間もの試験の中で入隊希望者の9割近くが落とされる。そして、試験を突破できたとしても、その後は14週間余りの実戦訓練が待っている。

それらすべてを乗り越えた隊員たちの実力は凄まじいものがあり、あのアメリカの「デルタフォース」(20ページ参照)をも凌ぐといわれる(そもそも、デルタフォースはSASを参考にして創設された)。

他にも、ドイツ軍の「GSG-9」など、SASの影響を受けた特殊部隊は数多く、特に、欧米の特殊部隊の多くはSASの分家と呼んでも過言ではないほどなのである。

創設間もない1943年、北アフリカにおけるSASの部隊。

現代のＳＡＳ隊員。湾岸戦争やイラク戦争にも参加している。（写真引用元：「イギリス陸軍 HP【http://www.army.mod.uk/home.aspx】」）

Q22 「人間ではない」と恐れられるフランス軍の「外人部隊」とは？

フランスは、ヨーロッパの中でも軍事大国として有名だが、フランス軍の中でも特徴的なのが、陸軍の**「フランス外人部隊」**と呼ばれる部隊で、その名の通り、フランス人以外で構成されている。

部隊の歴史は長く、創設は1831年3月。きっかけは、1803年からのナポレオン戦争や、1830年からのアルジェリア征服戦争で正規兵が激減したためだといわれている。

つまり、元々は臨時で作られた部隊なのだが、その後、20世紀に入っても外人部隊は解散されることなく、二度の世界大戦にも投入されている。

外人部隊への入隊資格があるのは、20〜40歳までの男子。偽名での入隊も可能で、犯罪者が逃亡場所にしているという噂もあるが、実際には国際刑事警察機構（ICPO）とも深い繋がりがあるため、重犯罪者が入隊できることはまず無理だという。

入隊審査にパスすると、数ヶ月間の軍事訓練とフランス語の教育を施される。これらの試練を無事突破すれば、晴れて外人部隊の一員となれるのだ。

一度入隊すると5年は除隊できないが、公務員と同等の扱いを受け、住居や食事も国から支給されるため、待遇は悪くない。

そんなフランス外人部隊は実力も高く、古くは、1863年4月にメキシコで起きたカマロンの戦いにおいて、敵の将校から**「奴らは人間ではない」**と恐れられたほどである。

そして、長くこの部隊が存在し続けているということは、やはり実力の高さも維持されているからだといえるだろう。

実際、現在でも外人部隊は各地の最前線に投入され、活躍が評価されて勲章を授与されることも少なくないのである。

フランス陸軍の「フランス外人部隊」の儀仗兵。その歴史は長く、兵士たちの実力も高い。

第二次世界大戦の「ビル・アケムの戦い」（1942年）において、敵拠点を強襲するフランス外人部隊の兵士たち。現在なお、外人部隊は各地の最前線で戦っている。

Q23

「ヨーロッパ最強」と評されることもあるドイツ軍の特徴とは？

第二次世界大戦における敗北、その後の東西分裂の混乱によって、長い停滞を余儀なくされてきたドイツ。

だが、1990年の東西ドイツ統一や、1994年に北大西洋条約機構域外への派兵が解禁されたことなどを経て、再び軍事大国として復活することとなった。

現在のドイツ軍の規模はおよそ25万人で、兵数だけを見ても、ヨーロッパ屈指の数字である。

これに加え、ドイツ軍の最大の強みといえば、やはり**伝統的に高い技術力を維持している**ことで、最新兵器も多く保有している。

例えば､ドイツ陸軍の主力戦車｢レオパルト2｣は、世界の傑作戦車に数えられる優秀な兵器であり、改良型の「A6型」をはじめ、およそ1400両が現役で配備されている。

また、空軍も他の欧州諸国と共同で戦闘機を開発するなど戦力増強に励んではいるが、それ以上に注目すべきは海軍だ。

大戦時に潜水艦「Uボート」を駆使して連合軍を苦しめた技術力は後世にも受け継がれ、近年は、数週間の潜水にも耐えられる非大気依存推進（AIP）潜水艦「212A型」など、高性能の潜水艦を運用している。

さらに、水上艦隊に目を向ければ、イージス艦にも劣らない防空力を持つとされるフリゲート艦「ザクセン級」を3隻保有しているなど、こちらも部隊の強化に余念がない。

このように、かつては敗戦の影響から軍備増強を敬遠してきたドイツであるが、現代では持ち前の技術力を生かし、再びヨーロッパ最強レベルの軍隊になりつつあるのだ。

ドイツ陸軍の主力戦車「レオパルト2」の「A6型」。非常に優秀な戦車で、オランダやギリシャなど、広く輸出されている。

ドイツ海軍の潜水艦「212A型」。数週間の潜水にも耐えられる機関が導入されている。(©Wolfgang Greiner and licensed for reuse under this Creative Commons Licence)

Q24

「雪の中では世界一強い」といわれるフィンランド軍の戦い方とは？

フィンランド軍は、ミリタリーファンたちから根強い人気がある。

その一番の理由は、なんといっても、国土深くまで敵を引きずり込む「地域防衛システム」という戦い方であろう。

1939年に勃発した「冬戦争」においても、圧倒的戦力を持つ大国・ソ連の侵攻に対し、**フィンランド軍は少人数の精鋭部隊が地の利を活かし、見事ソ連軍を退けた**のである。

フィンランドの冬はマイナス40度にもなる厳しい環境にあり、さらに「森と湖の国」と呼ばれるほど深い森林が多い。

そんな中で、大活躍したのが「スキー部隊」であった。彼らは、雪原で目立たないように白い防寒着を着用し、深い森林を我が庭のように駆け巡ったのである。

さらに、フィンランドでは射撃競技が国民的スポーツとなっているため、軍の将兵ともなると、そのレベルは極めて高く、少人数でも驚くほどの戦果を挙げている。その代表格が、**100日間で505人を射殺し、「白い悪魔」と呼ばれたシモ・ヘイヘ**だ。

また、フィンランド軍は「モッティ戦術」という奇襲包囲作戦を敢行。この戦術でソ連軍の先頭集団と最後尾集団を包囲し、補給を絶つなどして撃破したのである。

現在では、他国と同様にハイテク化、IT化、最新戦闘車の導入などといった改編が進むフィンランド軍。

それでも、自国の天候と豊かな自然を最大限に利用する地域防衛システムは今なお、基本方針として生きているのである。

冬戦争（1939年）における、フィンランド軍の兵士たち。地の利を最大に生かしたフィンランド軍は、戦力では圧倒的に勝るソ連軍を撃退した。

フィンランド軍の伝説の軍人、シモ・ヘイヘ。超人的な腕前で505人を射殺した彼は、「白い悪魔」と呼ばれ恐れられた。なお、顔がゆがんでいるのは、敵兵に顎を撃ち抜かれたためである。

Q25

「永世中立国」であるスイスの「傭兵の歴史」とは？

スイスは他国への侵略、及び他国間の戦争への介入を否定した、いわゆる「永世中立国」として有名である。

とはいえ、当然ながら自国が侵攻される恐れがある場合などには戦う必要があるため、スイスも軍隊を持ち、しかも、「国民皆兵」が国是とされ、徴兵制が採用されている。

また、国民1人1人の国防意識も非常に高いといわれており、これは、スイスの**「傭兵の歴史」**が背景にあると考えられる。

国土を山岳地帯に囲まれたスイスは、農作物や資源に恵まれず、近代以前は、貧しい暮らしを余儀なくされていた。そんな中、スイスは、あるものを輸出することで国家の経済を支えていたのだ。

その「あるもの」とは「戦力」。つまり、傭兵を各国に派遣していたのである。

15世紀から本格化したこの傭兵派遣によって、スイスは外貨を獲得すると同時に、隣国からの信頼を勝ち取り、自国を間接的に防衛していた。

「スイス傭兵」と呼ばれた彼らの勇猛さは凄まじく、18世紀のフランス革命においても、他国出身の傭兵が逃げ出す中でスイス傭兵だけは戦い続け、それは、相手が同じスイス人傭兵であっても変わらなかったといわれている。

その後、1927年にバチカン市国以外への傭兵派遣が禁止されたことでスイス傭兵の歴史は幕を閉じるが、現代では、**傭兵の代わりにスイス製の重火器が世界各国に輸出**されており、自衛隊が使用している9ミリ拳銃も元々はスイス製である。

このように、スイスは永世中立国ではあるものの、他国軍に影響を与える、隠れた軍事大国ともいえるのだ。

現代のスイス軍兵士。スイスは永世中立国だが、徴兵制が敷かれ、重火器の輸出などもさかんに行っている。

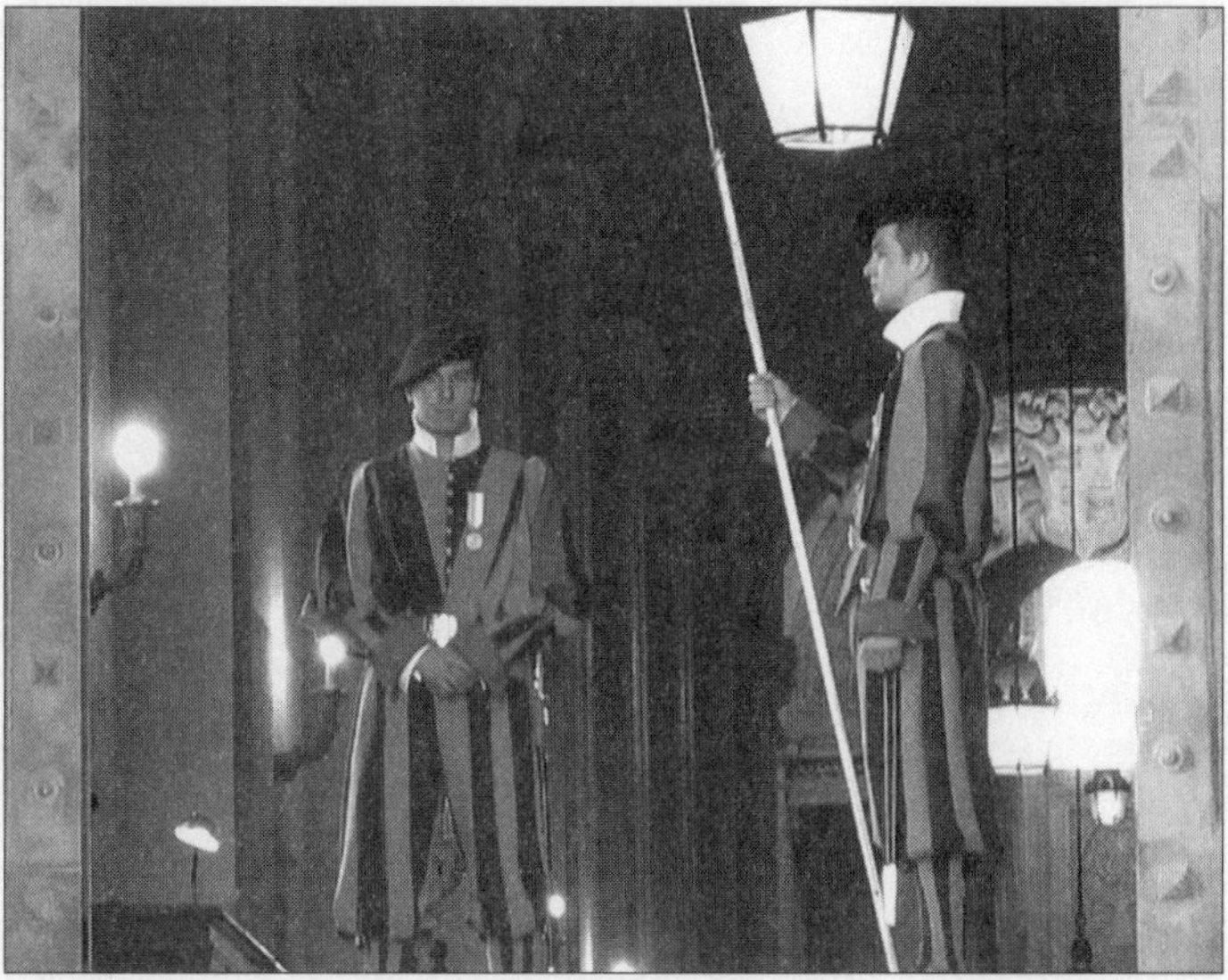

スイス傭兵は 1927 年に禁止されたが、写真のようにバチカン市国だけは、今なおスイスの衛兵が立っている。

Q26 イタリア軍が「とても弱い」といわれてしまう理由とは?

知らない人には意外かもしれないが、イタリア軍は、「とても弱い」と語られることが多い。

これは、第二次世界大戦前後の戦績が原因だろう。

1935年、ムッソリーニ首相の領土拡大路線に基づき、大量の戦車及び戦闘機を備えたイタリア軍は、エチオピアを侵攻する。

この際、迎え撃つエチオピア軍の装備は旧式のライフル程度で、槍や弓矢で戦おうとする兵士までいたというが、イタリア軍はこの戦いで、かなりの苦戦を強いられてしまったのだ。

最終的には勝利を収めたが、イタリア軍はたまたまこのときだけ苦戦したのではなく、その後、ドイツ・日本と共に枢軸国の一員として第二次世界大戦を戦ったときも、その弱さを存分に発揮してしまう。

例えば、ヒトラーの要請で進軍した1940年9月からの北アフリカ戦線では、不慣れな砂漠戦と補給不足が祟り、**約35万人のイタリア軍は3万人規模のイギリス軍に大敗**を喫する。

さらに、同年10月に始まった「ギリシャ・イタリア戦争」では、ドイツ軍の援護もあり最終的には勝利するものの、緒戦では戦力に劣るギリシャ軍を侮っており、大いに苦しめられている。

このようなイタリア軍の戦いぶりから、戦後のドイツでは、**「次の戦争はイタリア抜きでやろう」**というジョークが生まれてしまったほどだ。

ただ、これらはあくまで過去の話であり、現在ではNATO軍の主力として平和維持活動などにも参加しているイタリア軍。

それでも、湾岸戦争でのイラクへの攻撃の際、空中給油の失敗で爆撃を断念するという失態を演じてしまうなど、「未だにイタリア軍は……」と思わせてしまったりもしているようだ。

エチオピアを侵攻すべく、出征するイタリアの陸軍兵たち。この戦いで、イタリアは最終的には勝利するものの、かなりの苦戦を強いられた。

湾岸戦争に参加したイタリア空軍の攻撃機「トーネード」。しかし、空中給油に失敗してしまったことが語り草になってしまった。

Q27 国家とは認められていない台湾だが軍の装備はかなり進んでいる？

台湾は国際的に「国家」とは認められていないが、ご存知の通り、独自の政権を持ち、軍隊も存在する。しかも、陸・海・空軍を合わせた兵数はおよそ30万にも上り、他国に引けを取らない規模であることが分かる。

このように、兵数もさることながら、台湾軍の真価はその装備にある。「堅若磐石」（磐石のように堅固）という国防方針に基づき、**台湾軍は、兵器を近代化することで国土を防衛し、大陸からの侵攻を抑止している**のである。

台湾軍が保有している兵器の主な購入先は、友好関係にあるアメリカだ。

現在、台湾軍に配備されているアメリカ製の兵器は、空軍に戦闘機「F‐16」が約140機、また、海軍にも駆逐艦や多数のフリゲート艦が配備されており、領海の防衛任務に就いている。

こうしたアメリカの協力によって、台湾軍はアジアの中でも、かなり高い軍事力を有することに成功した。

その一方で、近年問題となっている弾道ミサイルへの対応力は高いとはいいがたい。

そのため、現在では、弾道ミサイル迎撃を目的とした台湾産地対空ミサイル「天弓」を開発し、さらに、「PAC‐3（パトリオットミサイル）」の購入も検討中だといわれている。

ただ、これまでは中国軍に兵器の質で優位に立てていたものの、近年では中国の軍拡によってその差がかなり縮まり、軍事バランスも変化しつつある。

中国の軍事力が台湾軍のそれを完全に上回ってしまえば、当然ながら台湾の脅威は増す。よって、台湾軍は最新技術の研究と防衛能力の向上を今後も継続していく努力が必要なのである。

台湾空軍の主力戦闘機「F-16」。（© 玄史生 and licensed for reuse under this Creative Commons Licence）

軍事パレードに向かうため、輸送中の地対空ミサイル「天弓3」。近年、台湾は弾道ミサイル対策にも力を入れている。

Q28 台湾軍が尖閣諸島に上陸しようとした計画があった？

尖閣諸島問題といえば、中国ばかりに目が向きがちだが、台湾もまた、その領有権を主張している。

基本的に、「台湾は親日」というイメージがあるかもしれないが、尖閣問題は別で、１９９０年には、台湾軍の尖閣諸島への強行上陸が計画された事実もあるのだ。

これは、「漢疆《かんきょう》計画」と名づけられ、上陸のための特別部隊「漢疆突撃隊」も組織された。

具体的には、漢疆突撃隊員が**航空機で尖閣諸島の魚釣島に上陸して日本の灯台を破壊し、島に台湾国旗を立てて撤退**する手はずだったのである。

ただ結局、このときは当時の李登輝《リーテンフェ》総統の命令により中止となっている。

また、国家や軍レベルではないにしろ、台湾の抗議船が尖閣海域へ侵入しようと試みた事件があり、２０１３年１月には、台湾の抗議船と巡視船が一時、尖閣諸島沖の接続水域に侵入している。

このような状況から、仮に、尖閣諸島を巡り、日中間で紛争が起きたときには、台湾は中国の味方をするのではないかと危惧する人もいるが、２０１３年２月に、台湾の外交部（外務省）が「釣魚台（尖閣）列島の主権声明」と「中国大陸と合作しない立場」と題した声明を発表した。

これはつまり、中国が平和的解決に向けた構想を示していないことなどを理由に、台湾は尖閣諸島問題について、中国と連携することはないという意思である。

とはいえ、今なお台湾が尖閣諸島の領有権を主張していることに変わりはない。

したがって、日本は中国のみならず、台湾に対しても、粘り強い説得を継続していかなければならないのである。

1990年、台湾軍は尖閣諸島の魚釣島に上陸する計画があったが、当時の李登輝総統（写真）の命令により、結局断念している。（©A-giâu and licensed for reuse under this Creative Commons Licence）

台湾、主権重視強める

漁船尖閣接近 中国の姿勢が影響

台湾の活動家を乗せた遊漁船が24日、尖閣諸島周辺の接続水域に入った。台湾側巡視船4隻も同行した。日本側の放水で領海には侵入しなかったが、馬英九政権が漁船の行動を容認していたことは明らかで、日本側関係者に少なからぬ衝撃を与えている。日台間で懸案だった漁業交渉への影響も避けられない。

「どうしてこのタイミングで」。日本側の対台湾窓口機関、交流協会関係者は驚きと憤りを隠さない。尖閣周辺を含む海域で日台の漁業権を調整する交渉の予備協議が昨年11月末に始まり、2月中旬の旧正月休暇前に2回目が想定されていたからだ。協会は台湾側の関係当局に抗議した。

台湾の蘇啓誠・外交部（外務省）アジア太平洋局副局長は24日の記者会見で「漁業協議は延期されるかもしれない」と述べた。

漁船を出した「中華保釣協会」は政治活動団体だが、活動家4人は漁業に携わる船員証を取得済み。台湾の海岸巡防署（海上保安庁に相当）は「合法的で出航を阻む理由がない」との立場だ。これまで馬政権は、日本に配慮して説得や圧力で止めたことがあったが、尖閣問題が表面化した昨年6月に方針を変え、今回も止めなかった。

この時期に再び容認したことについて外交部関係者は「中国が強い態度で出ているときは我々も主張しなくてはならない」と話す。米中の対立が深まる中、馬政権も存在感を示そうとしたと考えられる。

海岸巡防署によると、この日、台湾の巡視船が中国の海洋監視船と0・3ｷﾛまで接近する場面があった。

台湾側は「尖閣問題での中台連携」という印象を内外

台湾の抗議船（中央左）に放水する海上保安庁の巡視船（手前）。中央右は台湾の巡視船＝24日午前11時44分、魚釣島から西南西33ｷﾛの接続水域、本社機から、

2013年1月、台湾の抗議船と巡視船が尖閣諸島の接続水域に入ったことを報じる新聞記事。尖閣諸島問題といえば、中国にばかり目が向きがちだが、台湾もまた、その領有権を主張している。（画像引用元：「朝日新聞」2013年1月25日記事）

Q29 「兵数の多さだけが取り柄」は過去の話 インドは軍事大国になりつつある?

インド軍といえば、長年にわたり、「兵数が多いだけで装備は古い旧式の軍隊」というイメージを持たれてきた。

ところが、最近ではこうした風評が徐々に覆りつつある。

その主な理由は、高い成長率を維持し続ける経済力にある。国の経済成長に伴って、インドの**2012年の軍事費は、世界第7位にまで膨れ上がった**のだ。

この予算で、世界第3位である兵数約133万人を維持。そして、近年では装備の近代化も進められている。

例えば、空軍では2012年1月、フランスの最新戦闘機「ラファール」を世界に先駆けて126機導入。

また、すでに空母1隻が就役中の海軍も、新たな空母「ヴィクラマーディティヤ」をロシアから購入し、さらには国産空母も建造中であるという。

加えて、核攻撃が可能な弾道ミサイル「アグニ」シリーズの開発が進められ、その一方では2012年初頭にミサイル迎撃実験にも成功するなど、弾道ミサイル対策の研究にも余念がない。

パキスタンや中国といった敵対国家と地続きのインドでは、防衛力の向上こそが急務であり、そのため、最近では日米や周辺国との関係強化を目指した動きも見られつつある。

2012年6月に、海上自衛隊とインド海軍の合同訓練(捜索・救難訓練)が行われたことなどは、その好例だといえるだろう。

ともあれ、インド軍が弱小であったのはもはや過去の話。21世紀のインドは、量・質共に軍事大国に近づきつつあるのだ。

インド海軍がロシアから購入した航空母艦「ヴィクラマーディティヤ」。ロシアで改装後、2013年の秋以降に引き渡し予定である。(©Jeff Head and licensed for reuse under this Creative Commons Licence)

インドでは弾道ミサイル「アグニ」シリーズの開発を進めている。写真は、中距離弾道ミサイルの「アグニ2」。(©Antônio Milena and licensed for reuse under this Creative Commons Licence)

Q30 国際色豊かな装備を誇るパキスタン軍だが現状はインド軍より劣る？

領土問題でインドとの対立関係が続き（印パ戦争：148ページ参照）、3回にわたる戦争を経験したパキスタン。

現在もその状況は変わらないため、軍事力の強化を推し進め、陸軍だけで約55万人、海・空軍と予備役を合算すると100万人を超す兵数を誇る。

装備も、周辺国に劣らない兵器を揃えており、その内容は**国際色が豊か**で、関係が深い中国・アメリカをはじめ、フランスやドイツ製の兵器も使用されている。

そんな中、中国色が濃いのが陸軍で、現在配備されている戦車の大半が「85式戦車」など、中国製で占められており、歩兵用の火器にも中国からの輸入品が多い。

空軍では、中国製の早期警戒機「ZDK－03」や、中パ共同開発の戦闘機「JF－17」が多数配備されている一方で、フランス製の「ミラージュ5」やアメリカ製の「F－16」も運用されている。

そんなパキスタン軍は、決して弱いとはいえないのだが、近年では、旧来仲の良かったアメリカとパキスタンとの関係が冷え込んできている。

これは、アメリカからすれば、パキスタン国内でアメリカの敵であるタリバン勢力が活発に活動しているにもかかわらず、パキスタンがそれを放置しているような状況であるためで、パキスタンからすれば、アメリカ軍がタリバン勢力を打倒するために行っている無人機攻撃で、パキスタンの民間人に被害が出ていることなどに怒っているためである。

こうした状況に加え、パキスタンは経済力もインドにはかなり劣る。これらの点をすべて考慮すれば、現状では、仮想敵国であるインドには勝てないのではないかと考えられるのだ。

パキスタン空軍の航空機。手前に中パ共同開発の「JF-17」、奥にはフランス製の「ミラージュ5」の姿が見える。（©x_man and licensed for reuse under this Creative Commons Licence）

パキスタン軍に笑顔で敬礼する、アメリカ統合参謀本部議長（写真が撮影された2006年当時）のピーター・ペース氏。パキスタンはアメリカと長らく軍事的に親密だったが、近年は関係が冷え込んできている。

Q31 国土は小さいシンガポールだが経済力を背景に軍の態勢は万全？

国の面積が約710平方キロメートルで奄美大島とほぼ同じ大きさ、また、総人口は500万人程度で東京23区の約半数というシンガポールだが、経済力では、東南アジアでも屈指だということは多くの人がご存知だろう。

この経済力を背景に、軍事費は日本円にして、6600億円（2011年）と、これは**東南アジアの中でもナンバーワン**の金額だ。

また、人口が少ないので兵数は全軍合わせて7万人強だが、有事の際にはこれに約19万人の予備役が投入されるため、総兵数は約26～27万人にまで増加。人口から考えれば小規模とはいえないだろう。

また、装備も充実しており、特にマラッカ海峡防衛を見据えた海軍と空軍の軍備は強力だ。

空軍では、東南アジア諸国連合（ASEAN）の他の加盟国に先駆けて早期警戒機（機体にレーダーを装備し敵機などを補足できる航空機）を導入し、その他にも4機の空中給油機、及び戦闘機「F-16」などを保有。海軍では、フランスの「ラファイエット級」を改良した、ステルスフリゲート艦「フォーミダブル級」の国産化を2007年に成功させ、6隻を保有している。

また、有事の際には軍用機の滑走路として公共道路を使用することが可能になっているなど、万一のときのための準備を怠っていない。

さらに、シンガポールは欧米諸国とも関係が深く、狭い国土の関係上、確保の難しい軍事演習場の提供や兵器の供給などの面で支援を受け続けている。

なお、イギリスの調査機関によると、**台頭する中国に備え、2010年から15年までで、軍事費が59％も増加**するという見方もあり、小国ながら、今後もまったく侮れない存在なのである。

シンガポール空軍が運用している早期警戒機「E-2C」（写真はアメリカ海軍で運用されているもの）。

シンガポール海軍のステルスフリゲート艦「フォーミダブル級」。フランスの「ラファイエット級」を改良して建造された。

Q32 長く国政を牛耳ってきたミャンマー軍は実戦ではかなり弱い？

軍隊が国家を統治する「軍事政権国家」。ミャンマー（ビルマ）も、そんな国の1つだった。

1948年の独立後、ビルマは混乱を極め、その沈静化を図ったのが軍部であった。

その後、1962年3月のクーデターによって軍事政権が成立し、また、1988年8月にも政権を離反した軍部によるクーデターが起き、新たな軍事政権が成立する。

このとき、「国家法秩序回復評議会（SLORC）」という軍事政権の最高決定機関が設置され、翌年には国名をミャンマーに変更。軍事政権ではあるが、選挙も行われるようになった。

そして、1990年5月に実施された総選挙では、民主化を推進する「国民民主連盟（NLD）」が軍の支持する「国民統一党」に圧勝。このNLDを率いていたのが、あのアウンサンスーチー氏である。

だが、**軍はこの選挙の結果を無視**して政権を手放そうとせず、それどころか、民主化弾圧によって国民を武力で制圧し、長らく軍事政権を続けてきた。

その後、2011年に文民大統領（テイン・セイン氏）による新政権が発足し、ようやく軍事政権は終結。ミャンマーは民主化への道を歩み始めている。

さて、このように長く政権を握り、自国民を多々弾圧してきたミャンマー軍ではあるが、いざ武装勢力と戦ってみると、**かなり弱い**ようだ。

ミャンマーでは、少数民族と軍事政権の間の衝突が頻繁に起きているが、2010年にカレン仏教徒軍と戦った際には彼らの要衝地であるマナプロウを奪還され、また、2011年にカチン独立軍と戦った際にも、ミャンマー軍のほうが圧倒的な戦力だったにもかかわらず、カチン独立軍のゲリラ戦に翻弄され、多大な被害を出したといわれている。

2011年にミャンマーの大統領に就任したテイン・セイン氏（右）。写真は、2012年に11月、アメリカのオバマ大統領と会談した際のもの。

式典におけるミャンマー陸軍兵たち。長く国民の上に君臨してきたミャンマーの軍事政権だが、いざ戦ってみると、かなり弱いと評されている。（©Peerapat Wimolrungkarat and licensed for reuse under this Creative Commons Licence）

Q33 ベトナム軍が「強い」と評される理由とは？

★

ベトナム軍は、「非常に強い」と評されることが多い。

その最大の原因は、やはりベトナム戦争（146ページ参照）においての、あの**アメリカ軍を退けた**からであろう。

1960年から始まったこの戦争の当時、ベトナム軍とアメリカ軍の間には、天と地ほどの戦力差が存在した。

にもかかわらず、ベトナムは大きな犠牲を払いながらも、見事にアメリカを撃退している。

さらに、1979年の中越戦争でも、わずか1ヶ月で中国軍を撤退させるという勇猛さを見せた。

そして、これらは共に陸戦であり、ベトナムのジャングルや湿地帯の中に敵を引きずり込んでの戦いだった。つまりベトナム軍は、**地の利を生かしたゲリラ戦にめっぽう強い**のだ。

そんなベトナムは近年、南沙諸島の領有権問題で中国などと対立している。

この対策のため、ロシアとの関係を強めながら、海・空軍力も向上させるべく、2010年には、ロシア海軍の通常動力型潜水艦で、対潜攻撃に優れた潜水艦「キロ級」6隻を購入する契約をしている。

加えて、空軍も空対艦ミサイルの運用が可能なロシア製戦闘機「Su-30MK2V」を調達し、設備の向上に努めている。

また、最近ではアメリカとの関係も改善の動きが見られ、さらには全方位政策によって周辺国、及び日本とも柔軟な協力関係を結ぶ方針に切り替わっている。

これは軍事面でも変わりなく、ベトナム軍は各国の軍との連携を重視した、多角的な組織へと生まれ変わろうとしているのだ。

ベトナム戦争時のベトナム軍兵士たち。彼らはゲリラ戦でアメリカ軍を大いに苦しめ、多大な犠牲を払いながらも、最終的には退けた。

南沙諸島で行進するベトナム海軍の海兵隊員たち。近年は、この地を巡り中国などと対立しているため、海・空軍の戦力向上にも力を入れている。

Q34 タイ軍では「くじ引き」で徴兵されるかどうか決まる？

徴兵制を敷いている国の中でも、ひときわユニークな方法で徴兵を行っているのがタイ軍だ。

タイでは、毎年春になると、20歳を超えた男性たちが各地の徴兵会場へと集められるのだが、そこで待っているのは、政府や軍の関係者と、「くじ」の入った箱である。

そう、なんとタイ軍の徴兵方法は**「くじ引き」**なのである。

箱には軍隊行きを示した「赤札」と、徴兵が免除される「黒札」の2種類が入っており、若者たちはこのどちらかを引くことになる。

ただ、赤札を引く確率はそれほど高くなく、全体の5分の1程度だという。

タイ軍がくじ引き制度を導入した最大の理由は、軍事費である。つまり、タイ全体の若者を一度に徴兵しても、予算不足で彼らに与える装備などが用意できないのだ。

一方、徴兵される若者たちにしてみれば、「過酷な軍隊生活」に送り込まれるかどうかの重大な分かれ道。

くじ引き会場には張り詰めた空気が漂い、黒札を引いた者は喜びの涙を流して神に感謝し、赤札を引いてしまった者は、絶望のあまり気絶してしまうことさえあるそうだ。

そんな若者の姿を見ようと、くじ引き当日にはおよそ1000人もの民衆が会場に詰めかけ、ときには、その様子が生中継でテレビ放送されることもある。

このように、当事者以外の人々にとってはある種「お祭り」のようなイベントとなっており、そういう意味では、なんとものんきな制度だともいえるだろう。

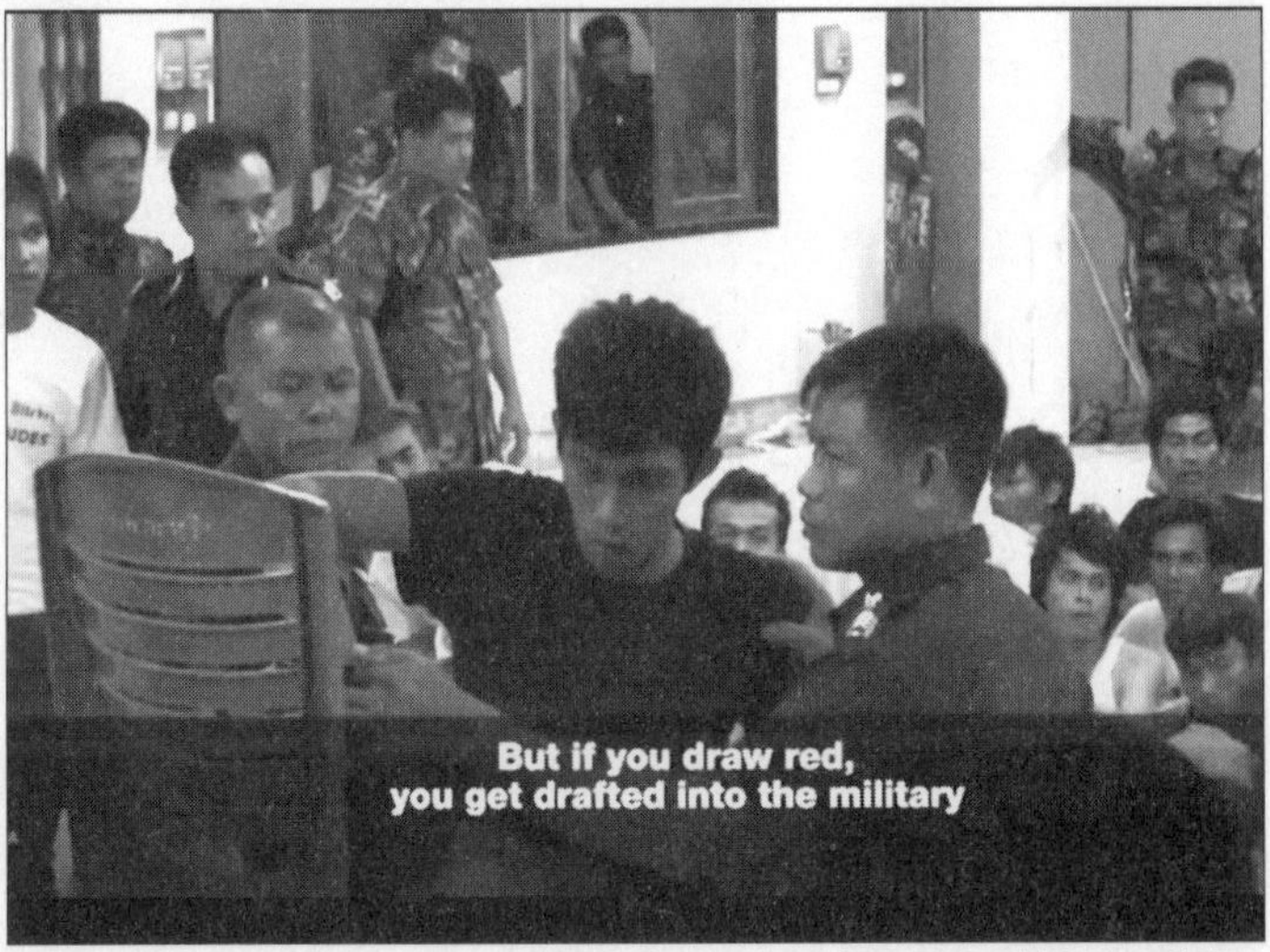

タイ軍では、「くじ引き」によって徴兵が行われ、その会場では、若者たちの悲喜こもごもが見られる。（画像引用元：http://www.youtube.com/watch?v=cbc5p9xmlLM）

アメリカ軍との共同訓練に参加中のタイ陸軍兵。タイ軍は東南アジアの中では有数の実力を誇り、特に陸軍の装備は充実しているといわれている。

Q35 2つの軍を持ち兵数は多いイランだが兵器の質が劣るためミサイル頼み？

前大統領が、「イスラエルを地図から抹消すべきだ」などの過激な発言を繰り返したイラン。この国の特徴の1つは、国防省の統制下にある正規軍の他に、**もう1つの軍隊「革命防衛隊」が存在する**ことだ。

革命防衛隊は、1979年のイラン革命後、正規軍によるクーデターなどを防ぐために創設され、管轄も革命防衛隊省である。そのため、正規軍とは別の独立した陸・海・空軍を持ち、兵数は約12万人。

一方、イランの正規軍の兵数は約40万人で、さらに有事の際には他の民兵組織も戦線に加わることになっており、これらすべてを合算するとイラン軍の最大兵力は数百万規模に膨れ上がるといわれている。

このように、兵数のみでは中東でも最大規模の軍隊ではあるが、問題は兵器の質にある。

イラン軍の装備は、正規軍と革命防衛隊共に冷戦中期から末期の旧式兵器が多く、中ロの協力を得て近代化を進めようとはしているが、状況は改善されていない。

そこでイラン軍は、ミサイル兵器の拡充を急ぐことで軍事力の向上を図った。主力とされる中距離弾道ミサイル「シャハブ3」は最大射程距離が約2000キロだが、射程距離5000キロ級のミサイルも現在開発中であるという。

現在、イランが核開発を進めている状況をアメリカが危険視する理由はここにある。もしこれらのミサイルに核弾頭が搭載されれば、中東の軍事バランスは一気に崩壊するだろうからだ。

なお、2013年8月にイランの新大統領に就任したロハニ氏は穏健派であり、核問題の解決には前向きな姿勢を見せているが、イスラエルへの強硬路線を踏襲するとの見方もあり、今後の動向が見逃せない。

イランの革命防衛隊の軍事パレードの様子。この軍は、国の正規軍とは独立した組織である。（©M-ATF, from military.ir and iranmilitaryforum.net and licensed for reuse under this Creative Commons Licence）

2012年7月にイラン革命防衛隊が行った大規模なミサイル演習の様子。兵器の質が他国に劣るイランはミサイル開発に力を入れている。（写真引用元：「イランラジオ日本語版【http://japanese.irib.ir/】2012年7月5日記事」）

Q36 「中東最強」イスラエル軍はなぜ強いのか？

ユダヤ人国家・イスラエルは、1948年の建国以来、アラブ諸国から常に国土を狙われ続けてきた。イギリスによる委任統治終了後のパレスチナに成立したイスラエルだが、アラブ諸国はそれを承認しなかったからだ。

建国直後には、アラブの連合軍が攻撃を仕掛けたが、国連の仲裁もあってなんとかイスラエルが辛勝するという事態も起きている（第一次中東戦争）。

そんな状況下で、イスラエルは軍事力の強化を目指した。アメリカの協力を得て高度な軍事技術を学び、男女を問わず徴兵の対象としたのである。

その結果、**1956年の第二次、1967年の第三次、1973年の第四次中東戦争において、イスラエル軍はすべて完勝**。兵士たちの技量も相当高く、1981年にはイラクの原子炉への奇襲爆撃を、地上30メートルという超低空から損害ゼロで成功させるという快挙も成し遂げている。

このように、欧米諸国と並ぶ軍事力と豊富な実戦経験を併せ持つイスラエル軍は、装備の質でも周辺国の兵器を圧倒。重装甲で知られる戦車「メルカバ」や、数々の無人航空機などは世界からも高い評価を受けている。

加えて、イスラエル自身は肯定も否定もしていないが、**核兵器を保有している可能性が濃厚**と見られている。

こうしたイスラエル軍の高い軍事力は、やはりアメリカからの支援を受け続けていることが大きい。これは、アメリカの経済をユダヤ系の財閥が支えているという背景があるからだ。

さらに、近年のイスラエルはロシアとも協力関係を結び軍事力を増大させようとしており、「中東最強」の座を譲る気配は当分なさそうである。

第四次中東戦争時、戦場を走るイスラエル軍の戦車。高い軍事力を誇るイスラエルは、第一次～第四次中東戦争を全勝した。（©Israel Defense Forces and licensed for reuse under this Creative Commons Licence）

近代的な軍事用の無人航空機として、世界に先駆けて開発されたイスラエル製の「マスティフ」。1973年に初飛行している。（©Bukvoed and licensed for reuse under this Creative Commons Licence）

Q37 兵数は少ないオーストラリア軍だが近年は中国に対抗して軍拡を進めている？

雄大な自然と大洋に囲まれたオーストラリアは、安全かつ平和な国で、軍の総兵数も約5万5000人と、あまり多いほうではない。

とはいえ、オーストラリア軍は、過去には幾度もの大戦を潜り抜けてきた、実戦経験豊富な軍隊でもある。

オーストラリア軍が参加した戦争は太平洋戦争からイラク戦争まで多々あるが、中でも、最も活躍したのはベトナム戦争だろう。

この戦争に**オーストラリア陸軍は「特殊空挺部隊（SASR）」と呼ばれる特殊部隊を派遣し、ベトナム軍相手に損失率500対1という驚異的な強さを見せつけた**のである。

しかし近年、オーストラリアに危機的状況が迫っている。それは、太平洋の海洋権益を狙う、中国の軍備増強だ。

海に囲まれたオーストラリアは伝統的に海・空軍に力を入れてはいたのだが、主力の艦艇や航空機が最新鋭とはいえず、このため、中国軍に太刀打ちできない可能性が出てきてしまったのである。

そんな中、オーストラリアが推し進めているのが、2009年から開始された大規模な軍備増強計画だ。

この計画は20年という長い年月をかけて実行されるもので、海軍では巡航ミサイル搭載式の潜水艦を多数建造し、空軍も「F-35」戦闘機を100機以上配備する予定であるという。

この計画が予定通りに進められれば、オーストラリアは中国に劣らぬ防衛力を手に入れることになり、中国の脅威に対抗しているアジアの友好国にとっても、オーストラリアは力強い味方になることだろう。

第二次世界大戦時のオーストラリア陸軍兵士。オーストラリアというとあまり軍のイメージは強くないが、実は数々の戦争に参加している。

オーストラリア海軍のフリゲート艦「アンザック級」の最新艦「パース」。防空能力の近代化改修計画に基づき、新型レーダーが搭載された。

Q38

意外と知られていないカナダ軍の2つの大きな特徴とは?

通常、軍隊は陸・海・空の3軍に分かれて組織されるケースがほとんどだが、正式名称を「カナダ統合軍」という**カナダ軍は一軍制を採用**している。

実際には、陸・海・空の軍種に分かれてはいるものの、一軍制が採用されている軍は、世界的に見ても非常に珍しい。

そんなカナダ軍には、もう1つの大きな特徴がある。それは、**国内の防衛よりも海外への派兵を優先する**という伝統だ。

第一次世界大戦当時、イギリスの自治領であったカナダは、本土の要請に従い、ヨーロッパに軍を派遣することを決定した。

このとき投入されたカナダからの派遣軍の総兵数はおよそ60万人。結果、その約1割が犠牲になるほどの損害を出してしまったものの、西部戦線において大きな働きをした。

これが契機となり、カナダは独立後も海外派兵を重視するようになっていったという。

実際、現在もカナダ軍の海外重視の姿勢は変わらず、軍関係者が世界50ヶ国以上で活動し、また、軍が「国内軍」と「国外派遣軍」の2つに分けられていた時代さえある。

具体的には、2006年から2012年までのことで、国外派遣軍はアフガニスタンにも部隊を送り、157人の犠牲者を出しながらも、長年治安維持活動に従事してきた。

世界第2位という広大な国土を持つものの、領土・領海紛争の可能性が少ないカナダ。

そして、唯一国境を接するアメリカとも友好関係にあるという状況を踏まえれば、カナダ軍の海外重視傾向は、これからも続いていくことだろうと思われる。

一軍制を採っているカナダ軍ではあるが、軍種としては、陸・海・空軍に分けられており、陸上兵力部門、海上兵力部門、航空兵力部門がそれぞれ「カナダ陸軍」「カナダ海軍」「カナダ空軍」と呼ばれることが多い。写真は、カナダ軍の主力フリゲート艦「ハリファックス級」の「オタワ」。

アフガニスタンに派遣されたカナダ軍兵士。カナダでは伝統的に海外派兵を重視している。

Q39 コスタリカは軍隊そのものを持っていない？

日本の自衛隊は軍隊ではなく、あくまで「防衛組織」というスタンスだが、中米の国家・コスタリカは、**軍隊はもとより、防衛組織すら置いていない**。

その理由は、以下の通りだ。

コスタリカでは、1948年に与党対野党という構図の内戦が起き、ホセ・フィゲーレス・フェレール率いる野党が勝利を収めた。

この際、わずか1ヶ月半で死者が2000人以上も出てしまったという事実を反省し、コスタリカでは、内戦の翌年に**常備軍の廃止を憲法に定め、これ以降は、警察と国境警備隊以外の戦力すべてを放棄した**のである。

しかし、中南米は紛争、及びテロ・ゲリラ被害が珍しくない不安定な地域だ。したがって、防衛力の完全放棄は、国の安定の維持を揺るがしてしまう可能性がある。

ただ、コスタリカは、1947年に「米州相互援助条約（リオ条約）」に加盟している。

これは、南米諸国が加盟する「米州機構」が定めた条約の一種で、その内容は、加盟国が侵攻された場合、他の加盟国がアメリカ主導で軍を派遣し支援するというものだ。

いわゆる集団的自衛権を可能とするものであり、この条約に加盟していることで、コスタリカは軍隊を持たずして、国の防衛を可能にしているといえる。

また、コスタリカ警察はかなりの重武装であり、さらに、緊急時には徴兵制を解禁して一時的に軍を編成できることを憲法に記している。

つまり、コスタリカは確かに常備軍を持たない国家ではあるが、当然ながら、他国からの侵略行為に対して無防備な無抵抗国家というわけではないのである。

コスタリカ内戦後、大統領になったホセ・フィゲーレス・フェレール。彼の主導で、コスタリカでは常備軍が廃止された。（©Asamblea Legislativa de la República de Costa Rica and licensed for reuse under this Creative Commons Licence）

コスタリカ国軍の廃止を宣言する式典（1948年）でのフィゲーレス氏の様子。

Q40 「南米最強」ブラジル軍の今後の課題とは?

世界第5位の国土面積と豊富な資源を武器に、経済発展を進める南米最大の新興国がブラジルだ。

こうした経済力の成長は、軍隊の拡充も促し、2011年の軍事費は約320億ドルで、南米諸国の中では最高額(世界第11位)。兵数は陸・海・空軍合計でおよそ32万人である。

このため、現状、**ブラジル軍は南米最強の軍隊**だと見ることができる。

ただし、ブラジル軍にも弱点はあり、その1つが装備の老朽化だ。

例えば、空軍の主力戦闘機「F‐5EM/FM」は、1950年代末からアメリカで生産された「F‐5」を改良したものだが、アメリカなどでは「F‐5」は第一線を退いている。

また、陸軍のドイツ製戦車「レオパルト1」のように、開発国ではすでに退役している旧式兵器も数多くあり、装備の近代化こそが、ブラジル軍の急務となっている。

それを克服すべく、3軍の中でも最も古い歴史を持つブラジル海軍は、2000年にフランスから航空母艦「クレマンソー級」を購入して、「サン・パウロ」として配備。

さらに、同じくフランスからの協力を得て「改スコルペヌ級」潜水艦を4隻建造中だが、近隣諸国にさほどの軍事的脅威がない現状、陸軍と空軍の近代化は進んでいない。

とはいえ、2014年にはサッカーのワールドカップ、2016年にはオリンピックの開催を控えているブラジルは、今後もさらなる経済発展が予想されている。

その勢いに乗り、軍の装備の近代化も進んでいくのかどうかが、今後注目すべき点である。

銃を携えて行進するブラジルの陸軍兵たち。現状、ブラジル軍は「南米最強」ではあるが、老朽化した装備の刷新が今後の課題だといえる。（©Ministério da Defesa and licensed for reuse under this Creative Commons Licence）

ブラジル海軍が 2000 年にフランスから購入した航空母艦「サン・パウロ」。（©Rama and licensed for reuse under this Creative Commons Licence）

Q41 アフリカ屈指の強さを誇る南アフリカ軍はかつて核兵器を保有していた？

南アフリカ共和国といえば、非白人隔離政策「アパルトヘイト」が思い浮かぶ人も少なくないだろう。しかし、アパルトヘイトは1994年に完全撤廃され、以降は、欧米との強い繋がりと豊富な天然資源を武器に、南アフリカは大陸一の経済大国に成長した。

こうした経済成長を表すように、南アフリカの軍事力も、アフリカ大陸でも屈指の力を誇っている。総兵数は約6万2000人とさほど多くはないが、装備において周辺諸国を圧倒しており、現状では、アフリカで最も強い軍であることは間違いないだろう。

空軍はスウェーデン製戦闘機「JAS39（グリペン）」を保有し、2010年のワールドカップ会場の警戒活動にも使用された。

一方、海軍も、ドイツから「ヴァラー級」と呼ばれるフリゲート艦を購入するなど、部隊の強化に努めている。

さらに、国産兵器の開発にも余念がなく、南アフリカ製のヘリなどは、高い評価を受けている。

そんな南アフリカの高い技術を象徴する出来事として、かつて同国で、**核兵器の開発に成功**していたことが挙げられる。

1970年、冷戦真っただ中の当時、南アフリカも無関係というわけではなく、ソ連の脅威に対抗すべく核開発の研究を開始し、1974年のウラン濃縮工場完成によって、それは本格化した。

そして、最終的には、数十発単位の戦術核兵器（戦場単位で、通常兵器の延長線上で使用される小規模な核兵器）が量産されたといわれているが、冷戦の終結によって、現在では核兵器と開発資料のすべてが廃棄されているのである。

南アフリカ軍の勲章贈呈式の様子。アパルトヘイト廃止後、現在の南アフリカ軍は、白人中心だった旧軍を再編成する形で設立した。(写真引用元:「南アフリカ軍 HP【http://www.dod.mil.za/default.htm】」)

南アフリカ空軍の攻撃ヘリ「AH-2(ローイファルク)」。アトラス社(現デネル社)が開発した、南アフリカ国産初の攻撃ヘリコプターである。(©Danie van der Merwe and licensed for reuse under this Creative Commons Licence)

Q42 「欧米諸国の多国籍軍」NATO軍の役割とは？

東西冷戦期に北米・西ヨーロッパ諸国によって結成された防衛同盟。それが「北大西洋条約機構（NATO）」である。

これは元々、共産主義勢力への対抗を目的とした同盟だった。

しかし、1989年の東欧革命、及び1991年のソ連崩壊などを経て、共産主義勢力は、大幅に衰退していくことになる。

これによってNATOもその役割を終えるかに思われたが、ソ連崩壊の翌年から、クロアチアやボスニア・ヘルツェゴビナといったバルカン半島の国々で紛争が勃発した。

これを鎮圧すべく、NATOは、1995年に同半島のボスニアと共同で軍隊を派遣した。

この軍事介入をきっかけにして、NATOは共産主義勢力に対抗する同盟から、**大西洋地域の安全保障と紛争抑止を司る組織へと生まれ変わった**のである。

現在のNATOには、西欧諸国だけでなく旧共産圏の国家も続々と加盟し、ヨーロッパ各地から28ヶ国が参加。**全世界の軍事予算の半分以上が集中す**るという巨大同盟に成長した。

ちなみに、あのロシアも、関係が円満とはいいがたいが、現在はNATOの準加盟国であり、まさに、NATOは世界最大の軍事同盟といえるのだ。

そして、地域紛争やテロリストの脅威が叫ばれる21世紀の世界では、NATO軍の役割が、冷戦期より重要だともいえる。

実際、近年の大規模紛争や内戦のニュースで、NATO軍の名は頻繁に登場する。今後も、この巨大な多国籍軍の存在意義がなくなることはしばらくないだろう。

2010 年の北大西洋条約機構（NATO）のサミットの様子。元々は、ソ連を中心とした共産主義勢力に対抗する目的で結成されたが、冷戦後の現代は、大西洋地域の安全保障と紛争抑止を司る組織として存在感を維持している。

アメリカ軍の戦闘機と共に航行している NATO 軍の早期警戒管制機（早期警戒機の性能に加え、友軍への航空管制や指揮も行得る航空機）「E-3A」（一番上の航空機）。

第3章 「必要最小限の実力組織」？ 日本を守る自衛隊の謎

Q43 そもそも自衛隊とはどのような組織なのか？

東日本大震災における救助活動、及び尖閣問題などから、近年、自衛隊に対する注目度は上がってきている。

では、この自衛隊という組織は、そもそもどのような組織なのか。

1954年6月9日、防衛庁設置法と自衛隊法が公布され、日本に「自衛隊」が誕生した。

その名の通り、**国内的には「軍隊」ではないとされているが、他国の多くの軍隊と同様、陸・海・空の3隊で構成**されている。

現在の隊員数は、陸上自衛隊員が約14万人、海上自衛隊員が約4万2000人、航空自衛隊員が約4万3000人という内訳の、およそ22万5000人となっている。

また、**最高司令官は内閣総理大臣だが、実際に有事が起きた際には、防衛省が部隊の運営を任され、指揮は防衛大臣と統合幕僚長が行う**ことになっている。

防衛省には3隊ごとの「幕僚監部」（各隊の司令部）、及びそれらをまとめる「統合幕僚監部」が置かれており、そのトップに立つのが、3隊の幕僚長の中から選ばれた統合幕僚長だ。

防衛大臣から下った命令や指示は、この統合幕僚長によってまとめられ、状況に応じて3隊が的確に運用されるという流れになる。

そんな自衛隊の主任務は、日本国土の防衛と災害派遣活動である。

さらに、1992年のPKO協力法施行により、実戦には参加しないものの、非戦闘区域への海外派遣もその中に加わった。

このように、現在、自衛隊は海外活動にも重点を置く多角的な組織になっているのである。

1954年６月、自衛隊の発足へ向けて行われた「服務宣誓式」の様子。（写真引用元：「平成16年版 日本の防衛 防衛白書」）

自衛隊の最高司令官は内閣総理大臣だが、実際、有事が起きた際には防衛大臣から統合幕僚長に命令や指示が下され、状況に応じて３隊を統合運用するようになっている。写真は右から現在の内閣総理大臣・安倍晋三氏、防衛大臣・小野寺五典氏、統合幕僚長・岩﨑茂氏。（安倍氏の写真引用元：「衆議院議員 安倍晋三 公式サイト【http://www.s-abe.or.jp/】」）（小野寺氏の写真引用元：「衆議院議員 小野寺五典 公式ウェブサイト【http://www.itsunori.com/】」）（岩﨑氏の写真引用元：「統合幕僚監部HP【http://www.mod.go.jp/js/index.htm】」）

Q44 外国軍と比較して見える自衛隊の特徴とは？

2011年、2012年の防衛費（軍事費）は約4兆6500億円前後で、2011年は世界第6位、2012年は世界第5位の日本だが、近隣国と比べると、兵数は多くない。

例えば、陸自隊員の数が約14万人に対して、中国陸軍兵の数は約160万人、韓国陸軍も約52万人の兵士を擁している。

このような数字を見ると、思わず不安になってしまうかもしれないが、**結論からいうと、自衛隊は諸外国軍と比べても、かなり充実した組織だと考えられる。**

兵数も、フランスやドイツとは同程度で、世界的に見れば平均的な数だともいえる。約14億人もの国民と広大な国土を守る必要がある中国と、未だ戦争状態にある韓国と差があるのは仕方ないことなのだ。

肝心の装備は、陸・海・空自共にハイテク兵器を揃えており、欧米諸国にも引けを取ってはいない。

加えて、現在の自衛隊員は知識が豊富で練度も高く、複雑な操作が必要な現代兵器の扱いにも長けている。

つまり自衛隊は、**周辺諸国に「数」では劣っていても、「質」で勝っている**といえるのである。

日本には、他の国にはない「防衛費1％枠」という「防衛費をGDPの1％以下に抑える方針」が存在（15ページのグラフ参照）するが、それでもGDP自体が高いため、高額の防衛費をもって、自衛隊の高水準を維持し続けている。

昨今では不況が続き、防衛費も2002年の約4兆9395億円をピークに下がり続けてきたが、2013年には、第二次安倍内閣によって防衛費が11年ぶりに増額され、さらに2014年にも増額、及び隊員数の増員が予定されているのである。

陸上兵力		海上兵力			航空兵力	
国名	陸上兵力（万人）	国名	トン数（万トン）	隻数	国名	機数
中国	160	アメリカ	636.2	961	アメリカ	3,522
インド	113	ロシア	204	979	中国	2,579
北朝鮮	102	中国	146.9	965	ロシア	1,631
アメリカ	60	イギリス	67.9	222	インド	930
パキスタン	55	インド	45.6	195	韓国	620
韓国	52	フランス	41.5	257	エジプト	608
ベトナム	41	インドネシア	25.6	159	北朝鮮	603
トルコ	40	トルコ	23.1	224	台湾	513
ミャンマー	38	スペイン	22.7	124	イスラエル	484
イラン	35	台湾	21.7	356	フランス	482
エジプト	31	イタリア	20.9	181	パキスタン	444
インドネシア	30	ドイツ	20.3	116	トルコ	423
ロシア	29	韓国	19.3	193	シリア	365
タイ	25	ブラジル	17.6	106	イギリス	358
イラク／コロンビア	24	オーストラリア	16.6	79	イラン	340
日本	14	日本	45.2	141	日本	410

2013年の主要国との兵力比較表。自衛隊は陸上兵力こそ少ないが、海上兵力と航空兵力では、諸外国と比べても劣ってはいない。（資料引用元：「平成25年版 日本の防衛 防衛白書」）

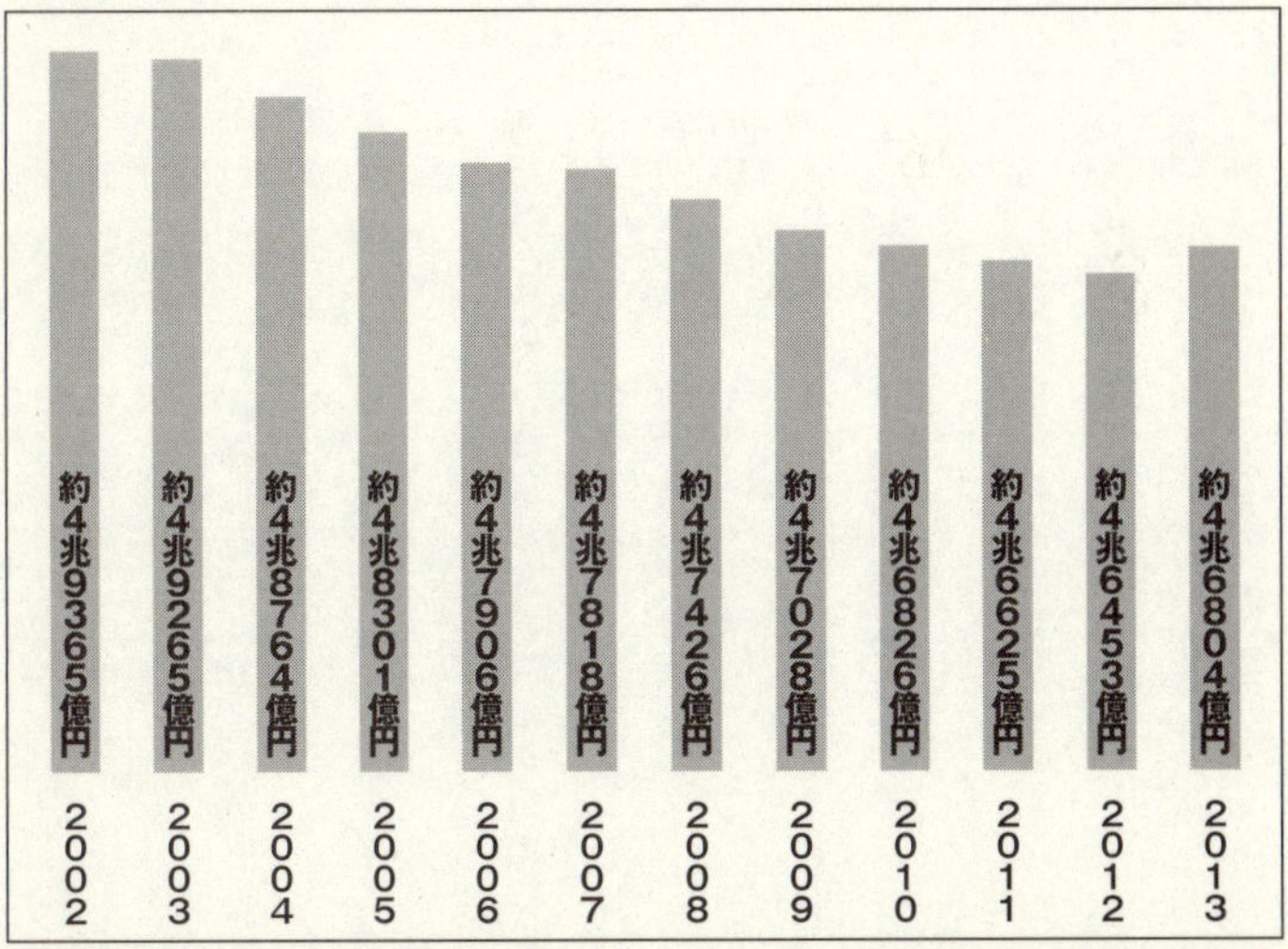

自衛隊の防衛費（当初予算）の推移。2002年をピークに額を減らし続けていたが、2013年には11年ぶりに増額された。（資料引用元：「平成25年版 日本の防衛 防衛白書」）

Q45 自衛隊と日本国憲法との関係とは？

昨今では、憲法改正に関する議論がさかんだが、焦点の1つが、「第9条」に関するものだ。

第9条の中には「戦争の放棄」「戦力の不保持」「交戦権の否認」という平和主義の理念が書かれている。

このうち、戦力の不保持とは「軍隊を持たないこと」という意味で、そのため、「自衛隊の存在は違憲ではないか？」との意見が生じるのだ。

だが、確かに第9条は「交戦権」を認めてはいないものの、「自衛権」まで放棄するとはしていない。

自衛権とは、国家が自らの国土や利益を防衛する権利のことであり、日本も独立国である以上、他国の侵略から国家を守る権利は認められなければならない。

そして、そのための最低限の戦力であれば兵器を保持することも許され、防衛戦闘についても憲法上禁止されてはいない。

以上が、現在の日本政府の見解であり、自衛隊は軍隊ではなく、**「自衛権に基づく防衛組織」**なので、その存在は違憲ではないとしている。

とはいえ、こうした政府の見解とは裏腹に、自衛隊の違憲性については今なお議論が続いており、また、**国際的には自衛隊は軍隊とみなされている。**

そんな中、第9条を改正して「国防軍」の設立を目指そうとする動きもある。

国防軍になれば交戦権も認められ、さらに、同盟国（アメリカ）が攻撃を受けた際、日本が反撃できるなどといった「集団的自衛権」の行使も可能になる。

ただもちろん、憲法を改正して、自衛隊が国防軍になることが正しいとはいいきれない。

今後それを判断しなければならないのは、政治家ももちろんそうだが、国民1人1人の声、つまり世論にもかかっているのだ。

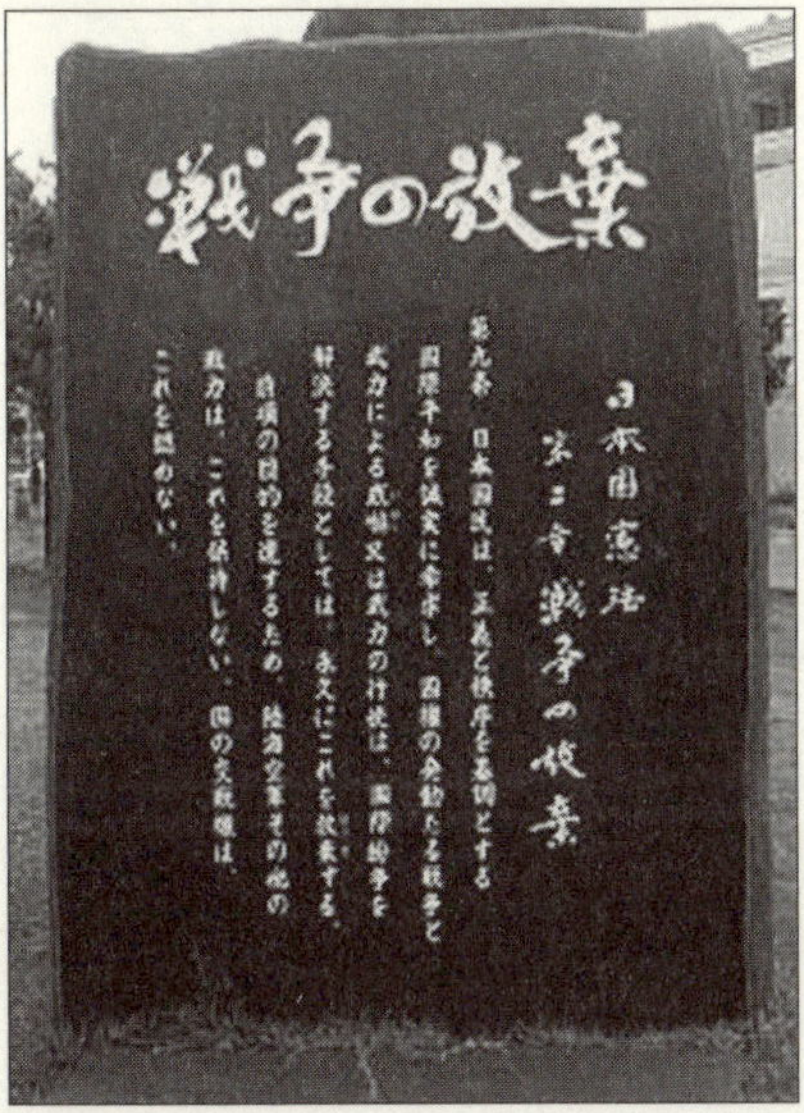

沖縄県の石垣島に建てられている「戦争の放棄」（憲法第９条）の碑。わが国の憲法第９条は平和主義の理念が掲げられ、「戦争の放棄」「戦力の不保持」「交戦権の否認」が謳われている。

砲撃訓練を行う海上自衛隊の護衛艦「ゆうべつ」。自衛隊がこうした「戦力」を保持していることは違憲ではないかという議論があるが、政府の見解としては「自衛のための最低限の戦力の保持は違憲ではない」というものである。（写真引用元：「海上自衛隊 HP【http://www.mod.go.jp/msdf/】」）

Q46 自衛隊では国産兵器をどの程度使用している？

自衛隊の前身である「警察予備隊」はGHQの指示で発足した（130ページ参照）ため、保有する兵器も、アメリカ軍から支給されていた。

これは自衛隊の誕生後もしばらくは同様で、当初、自衛隊は国産兵器を保有していなかった。なぜなら、そもそも国産兵器の開発が禁じられていたのだ。

だが、**現在では、国産兵器の使用が少なくない**。

中でも、その割合が高いのが陸上自衛隊だ。

主力戦車の「90式戦車」や「10式戦車」（164ページ参照）をはじめ、小銃や輸送車両など、陸戦兵器の多くが国産である。

逆に、航空機やヘリは海外製が多数で、戦闘ヘリ「AH‐64D（アパッチ・ロングボウ）」もアメリカの企業が開発したものをライセンス生産（製造元に許可料を支払い認可を得て、他の国や企業がその製品を生産すること）している。

海上自衛隊では、アメリカの艦艇をモデルにしたものもあるが、基本的には日本で建造されたものがほとんどだ。ただ、「BMD（弾道ミサイル防衛）」の要である迎撃ミサイル「SM‐3」など、海外（アメリカ）からの輸入品もないわけではない。

一方、国産品の割合が最も低いのが航空自衛隊だ。主力戦闘機の「F‐15J」をはじめ、主力機の多くが輸入品とライセンス生産品で占められ、国産航空機は輸送機や練習機しかない。

かつては、空自も国産の支援戦闘機（攻撃機）「F‐1」を配備していたが、現在では全機が退役。後継の「F‐2」はアメリカとの共同開発となった。

ちなみに、日本は原則として兵器、及び兵器の製造技術を輸出しない方針を採っているが、仮にこれが緩和されれば、自衛隊が保有する国内産の兵器の割合は、さらに増えるだろうと考えられる。

陸上自衛隊の国産兵器「90 式戦車」。陸上自衛隊の保有する陸戦兵器は、多くが国産品である。（©Los688 and licensed for reuse under this Creative Commons Licence）

かつて航空自衛隊で運用していた支援戦闘機「F-1」。〝現代のゼロ戦〟と呼ばれた。（©Taisyo and licensed for reuse under this Creative Commons Licence）

Q47 自衛隊で使用する兵器や装備の研究・開発はどこで行われている？

自衛隊の兵器や装備の研究・開発などに関して、その中枢とも呼ぶべき機関――それが防衛省内に設置されている**「技術研究本部」**であり、「技本」と略して呼ばれることもある。

技本で働くスタッフの総数はおよそ1100人で、「陸上」「船舶」「航空機」「誘導兵器」という4部門に大別されており、それぞれ、4名の技術開発官によって統率されている。

技本の良いところは、**兵器などの研究・開発を行うにあたり、各隊ごとに分けられていない**という点である。

つまり、例えば誘導兵器の部門では陸・海・空の区別なく全自衛隊で使用する誘導兵器の研究が行われ、また、航空機の部門では空自の航空機だけでなく、陸自・海自用の航空機の開発も行われているという具合なのだ。

陸軍と海軍の仲が非常に悪かったため、技術研究の遅れを招いてしまった旧日本軍時代とは異なり、自衛隊ではこのように研究の一元化に成功しているのである。

そんな技本で採用されたプロジェクトは、電子装備研究所や先進技術推進センターなど、その内容に応じて全国の支所や試験場に振り分けられ、ここで実際の開発研究と技術試験などが行われる。

そして現在、技本では、将来の国産戦闘機に適用できる技術を実証するための研究航空機「心神」開発（2016年頃開発完了予定）などのプロジェクトが実施されている。

このように、現場の自衛隊員たちが数々の優れた国産兵器を運用できているのは、技本で働くスタッフたちにより、日々研究・開発が行われているおかげなのである。

東京都新宿区市谷に建つ防衛省。自衛隊で使用する兵器などの研究・開発の中枢「技術研究本部」は、右の建物（D棟）の中に設置されている。

技術研究本部が開発中の研究航空機「心神」の模型。ただし、心神というのは、プロジェクトの初期に部内で使われていた名称で、公式のものではない。（写真引用元：「防衛省 技術研究本部 HP【http://www.mod.go.jp/trdi/】」）

Q48 自衛隊はミサイル攻撃に対して どのような備えをしているのか？

近年、日本にとっての軍事的脅威の1つが、北朝鮮による弾道ミサイル攻撃である。

「弾道ミサイル」とは、具体的にいうと、大気圏まで打ち上げられた後、慣性によって放物線を描き、落下する長距離ミサイルのことを指す。

そんなミサイル攻撃に対して、日本が構築している防衛システムが、「ＢＭＤ（弾道ミサイル防衛）」である。

ＢＭＤは、アメリカ軍のＤＳＰ衛星（早期警戒衛星）と日本の偵察衛星、そして海自のイージス艦、空自の高射部隊で構成されている。

ミサイル迎撃のための流れは以下の通りだ。

まず、ＤＳＰ衛星がミサイル発射の動向を察知すると、日本は自国の衛星などの情報で、その真偽を確認。

そして発射が事実であれば、イージス艦と高射部隊を出動させ、在日アメリカ軍の情報収集機と合同で迎撃準備にあたる。

例えば、北朝鮮が日本に向けてミサイルを発射した場合ならば、日本海に展開したイージス艦から大気圏外に向けて、迎撃用ミサイル「ＳＭ・３」が発射される。

もし、これが失敗してしまえば、続いて空自の地対空迎撃ミサイル「ＰＡＣ・３（パトリオットミサイル）」での迎撃を図る。

これらに加え、場合によっては、在日アメリカ軍の迎撃ミサイル運用部隊が動く可能性もあり、**こうした2段、あるいは3段構えの防衛網により、日本はミサイルの脅威に備えている**のである。

また、頼もしいことに、２０１０年10月、日米合同での弾道ミサイルの迎撃実験がハワイ沖で行われたが、それに参加した**海自の護衛艦「きりしま」は、**

ハワイ沖で行われた2007年の訓練において、弾道ミサイル迎撃ミサイル「SM-3」を発射する海自のイージス艦「こんごう」。防衛システム「BMD」においては、「SM-3」での迎撃に失敗しまった場合、続いて空自が「PAC-3」で迎撃するという流れになっている。

ＳＭ・３による迎撃実験を見事成功させている。

とはいえ、ＢＭＤをもってしても、確実に国土を防衛できる保証はない。

なぜなら、弾道ミサイルは高高度から落下するため、スピードが非常に速く、北朝鮮の「ノドン」でも、日本へ着弾するまでおよそ7分しかかからないからだ。

このため、**日本へミサイルが飛んでくることが確実視されたときには、その発射基地を攻撃すべきだという意見がある。**

そして実際、日本政府は、こうした危機の場合に敵基地を攻撃することは適法だという見解を示しているが、自衛隊は、そのための巡航ミサイルなどを保有していない。

したがって、今後、北朝鮮をはじめとする近隣国からの弾道ミサイルの脅威が一層増すようであれば、自衛隊の攻撃兵器の保有に関する法整備などについても、活発な議論を行っていくべきなのである。

Q 49

航空自衛隊の重要任務「スクランブル」とは何か？

正体不明の航空機が、日本領空に接近した場合などにおける、航空自衛隊の緊急出撃命令が「スクランブル（発進）」だ。

領空侵犯以外では、災害現場の情報収集や救助活動を目的に発令されることもあるが、いずれにせよ、危険な地域へ向かうことに変わりはない。

スクランブルは、基本的に次のように行われる。

まず、全国28ヶ所に設置されたレーダーサイト、あるいは警戒航空隊が未確認機の接近を察知すると、各航空方面隊の防空指令所へその情報が送られ、現場に最も近い空自の基地へ出撃命令が下される。

各基地では、24時間体制で常にパイロットが待機しており、発令から5分以内で出撃可能な状態が維持されている。

そして実際に出撃した空自機が未確認機と接触すると、まずは機種の照合が行われ、次に通信での警告が行われる。

もし、それでも引き返さずに領空が侵犯された場合には、威嚇射撃を実行し、対象機を強制着陸させることもできる。

以上が、大まかなスクランブルの手順である。

そんなスクランブルは航空自衛隊にとって重要な任務で、冷戦期には年間900回を超えたこともあったが、ソ連崩壊後は一時減少傾向にあった。

だが、中国とロシアが軍備増強傾向にある近年は再び増加し、中でも、**2009年度には38回だった中国機が対象のスクランブルは2012年度には306回を数え、ロシア機が対象のスクランブルを抜き、第1位となっている。**

これは、明らかに尖閣諸島に関する示威行為であり、空自もそれに対応すべく、南西空域における監視活動を強化しているのである。

戦闘機「F-2」のスクランブル発進直前の様子。（写真引用元：「平成 17 年版 日本の防衛 防衛白書」）

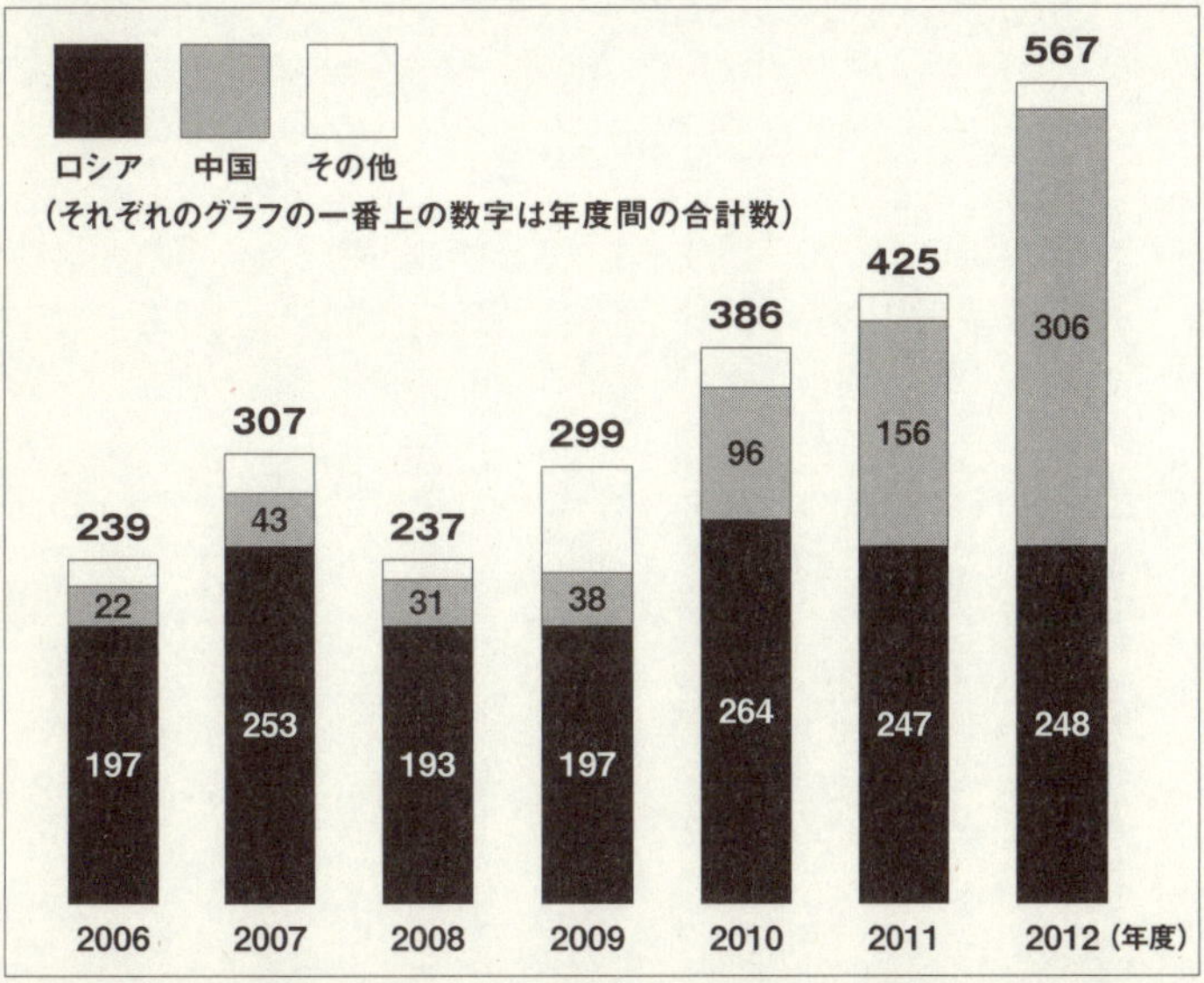

2006 〜 2012 年度のスクランブル実施回数とその内訳（資料引用元：「平成 25 年版 日本の防衛 防衛白書」）

Q50 「日米安保条約」は両国にとってどんなメリットがある？

現在、日本とアメリカは「日本国とアメリカ合衆国との間の相互協力及び安全保障条約」、いわゆる「日米安保条約」を締結している。

では一体、この条約を結んでいることで、両国にはどのようなメリット・デメリットがあるのか。

まずこの項では、日米安保条約のメリットのほうについて言及していきたい。

日本にとっての最大のメリットは、なんといっても、**アメリカの軍事力が、周辺国に対する強力な抑止力になっている**ということだ。

特に、中国との緊張状態が続く昨今では、日米安保条約の重要度が高まっているといえる。

さらに、核兵器を持たない日本は、「核兵器の脅威についてはアメリカの核抑止力に依存する」という方針を採っている。つまり、日本は自ら核武装はしていないが、いわゆる、アメリカの「核の傘」に守られた状況下にあるということだ。

一方、アメリカにとっては、冷戦時代は、自国の兵士を日本に駐留（在日アメリカ軍）させておくことで、旧ソ連や中国といった共産国家の進出を防げるというメリットがあった。

現在は冷戦が終結したが、それでも、巨大化した中国に睨みを利かせる、また、北朝鮮の暴走にも速やかな対応が可能になるというメリットがある。

何より、もしも日米安保条約がなくなってしまえば、アジアの覇権を完全に中国が握る格好になりかねず、そうなれば、アメリカは太平洋のシーレーン（海上交通路）確保に支障が出るなどして、経済的にも大きな打撃を受けるだろう。

つまり、**太平洋において今後もアメリカが影響力を維持していくためには、日米安保条約が不可欠**ともいえるのである。

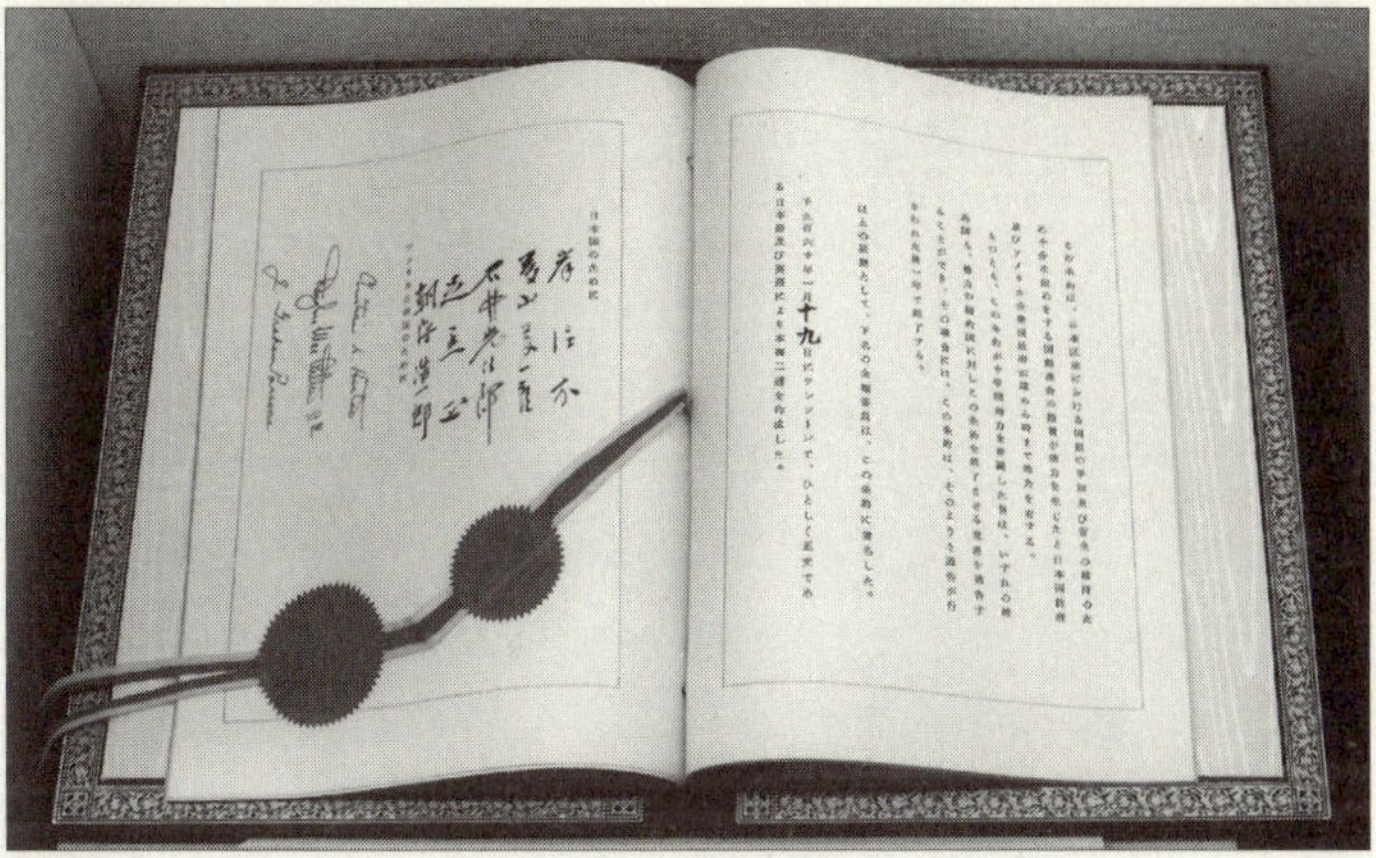

1960 年 1 月に、日本とアメリカ双方の代表の署名がされた「日本国とアメリカ合衆国との間の相互協力及び安全保障条約（日米安保条約）」の締結文書。この条約は、両国にとってどのようなメリット・デメリットがあるのか。（©Presidential Press and Information Office and licensed for reuse under this Creative Commons Licence）

2013 年 2 月の日米首脳会談にて、握手を交わす安倍首相とオバマ大統領。中国との緊張状態が続く現状、日本にとっては日米安保条約による抑止力が大きなメリットになっているといえる。（写真引用元：「読売新聞夕刊」2013 年 2 月 23 日記事）

Q51 「日米安保条約」は両国にとってどんなデメリットがある？

日米安保条約を結んでいる主なメリットは前項で説明した通りだが、逆に、デメリットも存在する。

その代表格が、在日アメリカ軍が日本に駐留していることで起こる問題で、例えば、2004年8月には、アメリカ軍のヘリが沖縄国際大学に墜落・炎上するという事故が起きている。

この他、基地周辺の騒音問題や一部兵士による犯罪も後を絶たない。

しかも、「日米地位協定」では、**在日アメリカ軍兵士が犯罪などを犯しても、場合によっては日本の法律で裁けない**という不平等な形になっているのだ。

また、アメリカ軍施設関連の必要経費の一部は日本の税金で負担（思いやり予算）され、その額は年間およそ2000億円に上る。日米安保条約は日本の防衛力を高めるが、その代償として、多額の経費を負担しなければならないという側面もあるのだ。

一方、アメリカにとっても、日米米安保条約を締結していることによるデメリットは存在する。

その理由の筆頭に挙げられるのが、**有事の際、アメリカは日本を防衛する義務があるにもかかわらず、集団的自衛権の行使が認められていないため、アメリカに何かが起きても、日本は自衛隊を武力行使目的で出動させられない**という点だ。

また、冷戦の終結により、「日本をアジア共産化の防波堤とする」必要性も弱まってきている。

とはいえ、中国が台頭してきている現在、やはり、両国にとって日米安保条約はデメリットよりもメリットのほうが大きいといえるだろう。

内容については改善すべき点もあるだろうが、いずれにせよ、今後も、秩序ある日米同盟を維持していってほしいものだ。

沖縄県名護市の在日アメリカ軍基地「キャンプ・シュワブ」に掲げられた、アメリカ軍基地撤退などを訴える旗。特に沖縄の在日アメリカ軍基地周辺では、これまでたびたび問題が起きてきた。

2010年にハワイで開催された「日米安保条約改定50周年記念 海自・米海軍若年士官シンポジウム」の様子。今後も、両国にとってメリットが感じられるような関係を維持していくことが重要だといえる。（写真引用元：「平成22年版 日本の防衛 防衛白書」）

Q52 陸上自衛隊の特殊部隊「特殊作戦群」とは?

自衛隊は、ウェブサイトなどを通じて、ある程度の情報公開を行っているが、一方で、秘匿性の高い「特殊部隊」も存在する。

その1つが、2004年に設立された、陸上自衛隊の「中央即応集団」隷下の部隊「特殊作戦群(SFGp)」である。

特殊作戦群は、ゲリラ・テロへの対応力強化を目指して設立された部隊ではあるが、本部が習志野駐屯地に置かれていること、及び人員数が300人前後であることしか判明しておらず、**訓練内容や装備内容などは一切公表されていない**。

アメリカ軍の特殊部隊「デルタフォース」に学んでいるなどともいわれるが推測の域を出ず、また、装備についても、一般的な部隊が使っていない銃器などを用いているといった噂があるものの、詳しいことは分からない。

そんな特殊作戦群への入隊するための受験が可能なのは、「レンジャー資格」を持つ3曹以上の優秀な陸自隊員である。

なお、現在は、各駐屯地に隊員募集のポスターを貼るなどして隊員を募っているが、発足当初は、「第1空挺団」(落下傘部隊)の隊員の中からしか選ばれなかったという。

志願者たちには厳しい選抜試験が課され、全体の9割以上が不合格となる。

そして、入隊後は、自分の家族や友人にさえも、特殊作戦群に所属していることを明かすことは許されない。

ともあれ、特殊作戦群は、陸自のエリートの中からさらに厳選された人材が集まった部隊であり、そう考えれば、まさに**陸自最強の部隊**と呼んでも過言ではないだろう。

陸上自衛隊の中央即応集団に属す特殊部隊「特殊作戦群」。公の場に出てくることはほぼなく、姿を見せる際は写真（中央即応集団編成完結式時のもの）のように、一部隊員を除き、マスクで顔全体を覆っている。（写真引用元：「中央即応集団 HP【http://www.mod.go.jp/gsdf/crf/pa/】」）

毎年１月に習志野演習場で行われる「第１空挺団降下訓練始め」において、航空機から降下する第１空挺団員の様子。発足当時の「特殊作戦群」は、この第１空挺団からしか隊員が選ばれなかった。

Q53 海上自衛隊の特殊部隊「特別警備隊」とは？

20世紀末ごろから、日本は、北朝鮮や中国籍と思しき不審船の領海侵入に悩まされていた。

実際、１９９９年3月、北朝鮮のものと見られる不審船による領海侵犯事件（能登半島沖不審船事件）の際、海上自衛隊は有効な対応策を打ち出せなかったという事例もある。

そこで、２００１年、海上自衛隊の特殊部隊として創設されたのが「特別警備隊（ＳＢＵ）」である。

特別警備隊の主任務は、不審船の武装解除や無力化で、本部は広島県の江田島基地。陸自の特殊作戦群同様、基本的にあらゆる情報が秘匿されているが、１００人にも満たない小規模な部隊だといわれる。

また、装備についても特殊作戦群と同じように、通常部隊が使用しないものも用いられているようだ。

ただ、特別警備隊には特殊作戦群とは決定的に違う部分が1つある。特殊作戦群がほとんど表舞台に姿を現さないのに対し、**特別警備隊は民間人から目撃される機会が多い**ということだ。

というのも、江田島基地周辺にはカキの養殖場があり、養殖用筏の近辺では特別警備隊が出港する姿がたびたび目撃されている。

また、２００７年の6月には、報道関係者の前で公開訓練が実施された。

このときの訓練は、黒色のタクティカルスーツを装備した隊員たちが、「複合型高速ゴムボート（ＲＨＩＢ）」に乗り込み、想定不審船に突入制圧するというものだった。

このように、特殊部隊が訓練を公に見せることは、きわめて珍しい事例であるが、さすがに、公開訓練はこのときが「最初で最後」とされ、その後はやはり秘密のベールに包まれているのである。

2007年に行われた「特別警備隊」の訓練の様子。その内容は、「複合型高速ゴムボート（ＲＨＩＢ）」に乗った隊員たち（写真上）が、想定不審船に突入制圧する（写真下）というものだった。（上の写真引用元：「朝雲新聞社 HP【http://www.asagumo-news.com/】」）（下の写真引用元：「平成 21 年版 日本の防衛 防衛白書」）

Q54 日本は「諜報力」でかなり他国に劣っている?

軍事力や防衛力を高めるには、「諜報力」も重要だ。

各国の諜報機関で有名なものとしては、「イギリス情報局情報部（MI6）」、「ロシア連邦保安庁（FSB）」（旧・KGB）、そして、アメリカの「中央情報局（CIA）」などが挙げられるだろう。

だが実は、アメリカにはCIAを凌ぐ最大の諜報機関が存在し、それが、アメリカ国防総省の「国家安全保障局（NSA）」である。

そして、他の分野と同様、こうした諜報機関でもITが活用されるようになっており、2013年6月には、そのことを象徴するような事件が起きた。それが、NSAが行っていた活動の内部告発である。

告発したのは元CIA職員で、NSAにも所属していたエドワード・スノーデン氏。彼によると、**NSAはグーグルやフェイスブックなどを利用して通信情報を傍受し、海外の主要機関へのコンピューター侵入も行っていた**という。

ただし、このような諜報活動の他、一方では、昔ながらの手法もまだまだ使われている。

その代表例が、いわゆる「ハニートラップ」だ。女性諜報員がターゲットとなる男性に近づき、色気とテクニックで騙し、情報を盗むのである。

例えば、イスラエル諜報特務庁「モサド」への入庁志望者の半数は女性といわれ、彼女たちはハニートラップを承知のうえで任務に就くという。

このように、女性の誘惑に弱いという男の心理は、いつの世も変わることがないといえよう。

そんな中、日本に目を向ければ、「公安調査庁」「内閣情報調査室」「国際情報統括官組織」、そして自衛隊の「情報保全隊」などといった機関が設置されているが、いずれも、他国からの諜報活動の防止が目的であり、積極的な諜報活動は行っていない。

メリーランド州に建つアメリカ国防総省の諜報機関「アメリカ国家安全保障局(NSA)」の本部。こうした他国の諜報機関に比べると、日本の情報機関は脆弱であり、さらに外国人によるスパイ活動などを厳しく取り締まる法律もないので「スパイ天国」などと揶揄されることもある。

特に、海外での活動は皆無だとされ、**日本の諜報能力は東アジアで最低レベル**とも評されている。

さらに、日本には、秘密の漏洩を防止・管理するための規定がなかったうえ、外国人によるスパイ活動などを厳しく取り締まる法律もなかったので、**「スパイ天国」**と揶揄されていたほどなのだ。

こうした問題を解決すべく、２０１３年12月、日本でも「特定秘密の保護に関する法律（特定秘密保護法）」が成立した。

これには、国民の「知る権利」が侵害されるのではないかといった懸念もあるが、いずれにしても、「スパイ天国」を放置しておくわけにはいくまい。

他国では、スパイ活動が発覚した場合、スパイ本人とその協力者が終身刑や死刑などの厳罰に処されるような法律が制定されていることがほとんどだ。

よって日本でも、少なくとも、機密の漏洩に携わった者に対しては、厳罰で臨むという抑止力は必要だと考えられる。

Q55 自衛隊はサイバー攻撃に対してどのような対策を講じているのか？

兵器などの運用についても電子化が進む近年では、「サイバー攻撃」への対策がとても重要になってきている。

世界各国は、こうしたサイバー攻撃に対応するための専門組織を次々と設立しており、自衛隊も2005年に「システム防護隊」を組織している。

その後、2013年6月には、新たに**サイバー攻撃対処の専門部隊「サイバー防衛隊」（仮称）の新設を決定**した。

システム防護隊が陸上自衛隊の部隊であったのに対し、サイバー防衛隊は、「自衛隊指揮通信システム隊」（統合幕僚監部内に組織された自衛隊初の常設統合部隊）の隷下として新設されることとなった。つまりこれは、陸・海・空自共通のサイバー攻撃対応部隊のようなものである。

そんなサイバー防衛隊の最大の特徴は、メンバーに民間人を採用する予定があることだ。

欧米などでは、企業のみならず軍も優れた民間人ハッカーを採用する動きが活発になっているが、自衛隊もそれにならい、民間人を募集する予定があるという。

もしこれが実現すれば、**官民一体となったサイバー防衛網の構築が現実のものとなる。**

サイバー防衛隊は、すでに準備室の設置が終わり、2014年3月、正式に発足する見込みだ。

ただ、今のところサイバー防衛隊は約100名という小規模でスタートする予定で、ハッカーの英才教育を続けている北朝鮮や、「ネット藍軍」と呼ばれるサイバー戦闘組織を擁する中国の脅威に対抗できるかどうかは未知数だ。

今後も日本は、サイバー防衛態勢の強化に力を入れ続ける必要があるといえよう。

「サイバー防衛隊」（仮称）の準備室発足時の様子。（写真引用元：「平成 25 年版 日本の防衛 防衛白書」）

サイバー戦に力を入れている中国軍は、「ネット藍軍」という部隊を設置している。（写真引用元：「人民網日本語版【http://j.people.com.cn/】2011 年 6 月 27 日記事」）

Q56

海上保安庁と海上自衛隊はどう違う?

日本の海の防衛組織といえば、まず海上自衛隊が思い浮かぶかもしれないが、尖閣諸島周辺での緊張状態が続く中、近年その名をよく耳にする「海上保安庁（海保）」もまた、日本の海の守り手の1つだ。

では、海上自衛隊と海上保安庁は、具体的にどう違うのだろうか?

海上保安庁は、アメリカの「沿岸警備隊」をモデルにして、1948年に誕生した組織だ。現在では、全国を11の管区に分け、約1万3000人の人員と約450隻の艦艇で日本の領海を守っている。

また、武装船にも対処できるよう、海上保安官は小銃などで武装し、巡視船にも一定の戦闘行為が可能な装備が施されている。

また、事故や災害時には海保と海自が合同で救助活動にあたることもあり、こうした事情から、両者が同一視されることも少なくないという。

確かに、日本の海を守る両組織が協力関係にあるのは事実だが、海保と海自は、装備や任務の内容が大きく異なるのだ。

自衛隊の主任務は国土の防衛であり、他国の侵略にも対抗できるよう、護衛艦や航空機には、各種ミサイルなどの強力な武装が配備されている。

一方、海保の主任務は、領海内の犯罪取り締まり、及び海上事故や災害の救難活動だ。

武装船への対処も、「撃退」や「拿捕」を目的としており、船を沈めてしまう（撃沈）ほどの武装はしていない。

また、海上保安庁は防衛省ではなく国土交通省の外局である。

つまり、**海自が「海の実力組織」なら、海保は警察と消防を合わせたような「海の治安維持組織」**であり、自らも「海の警察」と称しているのである。

海上自衛隊の「こんごう型護衛艦」（イージス艦）の「きりしま」に搭載されている艦対艦ミサイル「ハープーン」（写真上）と、海上保安庁の高速高機能大型巡視船「ひだ型」（写真下）。海上自衛隊は国土の防衛が主任務であり、他国の侵略にも対抗できる装備を有する一方、海上保安庁は「海の警察」を自称し、日本領海の治安の維持を主任務としている。

Q57

旧日本軍と自衛隊の間に繋がりはあるのか？

太平洋戦争後の日本は連合軍の支配下に置かれ、占領政策は、「連合国軍最高司令官総司令部（GHQ）」が担った。このGHQが最初に行ったのが、日本軍の解体と武装解除だった。

だが、終戦から5年後の1950年、朝鮮戦争が勃発すると、韓国を支援するアメリカ軍は駐日部隊を朝鮮半島へ送り込む必要に迫られた。

そうなれば、今度は日本の防衛が手薄になってしまうため、GHQの指令で、「日本人による国防組織」として同年に設立したのが「警察予備隊」である。

この当時、旧陸軍は日本の軍国主義を推進した存在として忌避されており、警察予備隊の隊員に、旧陸軍人が採用されることはなかった。

その後、警察予備隊は1952年に「保安隊」という組織に改組され、1954年には、陸上自衛隊が発足する。

そして、陸上自衛隊ができてからは、人材不足という背景もあって旧陸軍将校の入隊が認められたのだが、その影響を色濃く受けたというほどではなく、**表向きにも、陸上自衛隊と旧陸軍との関係はない**とされている。

一方、海上自衛隊の前身組織で、1952年に発足した「海上警備隊」は、旧海軍将校を中心に設立された。

このため、港湾施設や航空基地なども旧海軍のものがそのまま引き継がれ、**海上自衛隊発足後から現在でも、旧海軍時代の伝統が多く受け継がれている**。

ちなみに、旧日本軍に「空軍」は存在せず、警察予備隊がアメリカ軍機を導入し、保安隊へ改組された際、浜松に航空学校を設立したのが、航空自衛隊の始まりである。

1950年に発足した、陸上自衛隊の前身組織「警察予備隊」の隊員たち。その後、「保安隊」を経て1954年に陸上自衛隊が誕生して以降は、旧陸軍将校の入隊が認められたものの、基本的に旧陸軍と陸上自衛隊の関係はないとされている。

海上自衛隊の前身組織である「海上警備隊」の創設には、旧日本海軍で大将を務めた野村吉三郎（写真）が深く関わった。このことからも分かるように、海上自衛隊は、旧海軍の伝統を色濃く受け継いでいる。

Q58 自衛隊が「軍隊」ではないため生じているさまざまな問題とは？

自衛隊は、あくまで「軍隊」ではなく「必要最小限の実力組織」とされており、自国に危機が及んだ場合にのみ武力を行使する「専守防衛」という戦略を採っている。

そして、このために生じる問題も多々存在する。

専守防衛ゆえ、他国の基地などを攻撃するための兵器を保有してはならず、自衛隊が弾道ミサイルや戦略爆撃機、航空母艦などを持っていないのはこのためだ。

さらに、先制攻撃ができないため、仮に、他国軍が日本の領土に侵入して軍事展開を始めても、攻撃をされない限り、実力行使に出ることは難しい。

それに加え、日本政府は現状、自衛権を必要最小限度にとどめるべきとして集団的自衛権の行使を否定している。

だが、自衛隊の海外派遣が解禁されている現在の状況下で、集団的自衛権の行使を禁じ続けていては、さまざまな問題が発生する可能性がある。

というのも、集団的自衛権とは、例えば友軍が敵軍に襲撃された際などに、自軍が敵軍を攻撃できる権利だが、これが行使できないということは、**自衛隊員の目の前で友軍兵が敵から攻撃されても、自分が攻撃されない限り、救援できずに見殺しを余儀なくされる**ということなのだ。

もし前述のようなことが起きれば、自衛隊の国際的な信用度は確実に失墜するだろう。

さらに、**自衛隊は交戦規定（ROE）が他国のそれと比べて厳しすぎるため、交戦規定を厳守していては、隊員の身が危ないのではないかと**いう不安さえある。

法改正を含め、これらの諸問題をどう考え、どう解決していくかが、今後の自衛隊の課題なのである。

自衛隊のイラク派遣時、現地でオランダ軍を見送る自衛隊員たちの様子。オランダ軍は友軍だったが、自衛隊は集団的自衛権の行使ができないため、もしオランダ軍部隊が攻撃された場合でも、自衛隊が攻撃されない限り、敵に手出しができない。（写真引用元：「平成 17 年版 日本の防衛 防衛白書」）

第一次・第二次安倍政権で、内閣総理大臣の下に設置されている「安全保障の法的基盤の再構築に関する懇談会」。憲法との関係の整理に関する研究を行い、集団的自衛権の問題についても話し合われる。写真は 2013 年９月に開催された同懇談会の様子。（写真引用元：「首相官邸 HP【http://www.kantei.go.jp/】」）

Q59 もしも他国が攻めてきた場合自衛隊は日本を守れるのか？ その①

近年、領土問題や歴史認識の相違によって、日本と中国・韓国との溝が深まりつつあることは周知の通りだ。

そんな中、インターネットなどでは、中国人・韓国人による「日本との戦争も辞さない」といった趣旨の過激な意見が見られることもある。

では、実際に中国や韓国が攻めてきたとしたら、自衛隊は日本を防衛できるのだろうか。

これについては、どういう形で攻められるかで変わってくるが、例えば、**日本の領土に敵軍が真正面から攻撃してくるケースであれば、自衛隊が有利だろう**。

日本は、国土を海に囲まれているため、海上自衛隊と航空自衛隊は、アジア一といっても過言ではないほどに強化されている。

海自は、艦隊防空の要となるイージス艦を6隻保有しており、また、空戦で中国が「J-11（Su-27）」などの最新機を用いたとしても、管制システムや稼働率を考慮した総合力では、空自のほうが優勢である。

したがって、例えば尖閣諸島に向けて中国軍が、あるいは対馬に向けて韓国軍が侵攻しようとしても、今の段階では、海自・空自を撃破してこれらの島々を占領することは難しいと考えられるのである。

加えて、このように他国からの明白な侵攻であれば、総理大臣による「防衛出動」（事実上の自衛隊の軍事行動）の発令も容易で、部隊の運用もスムーズに行われるだろう。

つまり、中国軍・韓国軍がまともに攻めてきた場合に関しては、自衛隊は高い確率でこれを撃退できる可能性が高いといえるのだ。

仮に、有事が起きた場合には海上自衛隊のイージス艦が防空艦隊の要になる。写真は、海自のイージス艦の中で最も新しい「あしがら」。（写真引用元:「海上自衛隊 HP【http://www.mod.go.jp/msdf/】」）

航空自衛隊の早期警戒管制機「E-767」。この早期警戒管制機の性能や機数という点で、自衛隊は中国軍や韓国軍よりも勝っているため、戦闘機同士の航空戦では、自衛隊のほうが優勢になると考えられる。（©Nekosuki600 and licensed for reuse under this Creative Commons Licence）

Q60 もしも他国が攻めてきた場合自衛隊は日本を守れるのか？ その②

前項では、他国軍が日本にまともに攻めてきた場合には、自衛隊はそれを撃退できるだろうと書いた。

しかし、そうでないケースであれば、自衛隊が苦戦を余儀なくされる可能性もある。

ここでは、現状最も起こり得る「中国が尖閣諸島の実効支配に乗り出した」場合、どのような流れになるかをシミュレートしていこう。

中国は、まともに侵攻することはなく、南シナ海の西沙・南沙諸島の島々を実効支配したときと同様、以下のような手口を使ってくることが考えられる。

まず、民間の漁船の乗組員などを装った工作員をわざと尖閣諸島に漂着させたうえで、これを救助するという名目で中国軍を送り込む。

ところが、**救助後も軍は撤退せずに基地を建設するなどして、実効支配を固めていく**という手口だ。

こんな見えすいたやり方が成功するのか？　と思われるかもしれないが、明白な攻撃などがなく、漂流者の救助活動という建前もある状況下では、総理大臣が防衛出動を迅速に命じることは難しいのだ。

そして、一度島を占領されてしまえば、敵地攻撃能力に乏しい自衛隊にとって、島を取り戻すことは簡単ではないだろう。

そこで、こうなった場合には日米安保条約に基づいてアメリカ軍に協力を要請する可能性が高い。

具体的には、島に築かれた中国軍の対艦・対空陣地をアメリカ軍が破壊した後、陸自の精鋭部隊及びアメリカ海兵隊が上陸して中国軍を駆逐するという展開である。

このように、自衛隊には出動や敵地攻撃能力に弱点がある以上、**実際に領土に上陸されてしまった場合には、在日アメリカ軍の力を借りなければ、奪還は困難になってしまう**と考えられるのだ。

南沙諸島の「永暑礁」に建つ中国海軍の基地。中国は、もともとはサンゴ礁だったこの地を人工島に改造して基地を建て、実効支配を固めた。（写真引用元：「『中国の戦争』に日本は絶対巻き込まれる」）

もし、中国軍に上陸されてしまった場合、島を奪還するためにはアメリカ軍の攻撃力が必要になることが予想される。写真は、アメリカ軍の海兵隊と合同で、上陸訓練を行う陸上自衛隊の隊員。（写真引用元：「平成 24 年版 日本の防衛 防衛白書」）

第4章

歴史的な戦争からハイテク兵器まで
戦争と兵器の謎

Q61
朝鮮戦争が再開してしまったら勝つのは韓国か北朝鮮か？

金正恩体制の成立後も、２０１３年２月には３回目の核実験を行うなど、相変わらず過激な行為が目立つ北朝鮮。

そして、同年の３月には、半世紀以上も続く朝鮮戦争の休戦協定を破棄すると宣言した。

だが、北朝鮮は過去にもたびたびこうした宣言を行っており、宣言直後は軍事的緊張が高まったが、結局、すぐに韓国に侵攻するようなことはなかった。

だが、もし本当に北朝鮮が韓国に攻め込んだならば、「第二次朝鮮戦争」はどちらが勝つのだろうか。

北朝鮮は、奇襲戦法とミサイル攻撃によって「３日以内に勝利を得られる」と主張しているが、実際には、兵装を近代化しており、アメリカ軍の支援もある韓国軍に対して、北朝鮮が勝てる見込みは薄い。

ただそれでも、韓国の被害が皆無かといえばそんなことはなく、**とりわけ恐ろしいのが、18万人規模といわれる北朝鮮軍の特殊部隊の存在だ。**

実際、２０１０年に米韓合同で行われた仮想訓練では、この特殊部隊の工作活動によって、ソウル圏内で約10万人もの死傷者が出るという結果が出たのだ。

とはいえ、勝敗自体については、戦争が長引けば長引くほど、資源や兵装に劣る北朝鮮軍にとって不利になることは間違いなく、**最終的には韓国が勝利する可能性が高い**。

ただ、戦争が長期化すれば、影響は当然民間にも及び、外資系企業の撤退などで韓国経済は深刻なダメージを受けることになるだろう。

ちなみに、日本も傍観者ではいられず、大量の韓国系難民の受け入れ問題や、国内に潜伏している北朝鮮スパイのテロ活動で大混乱に陥ってしまう可能性が考えられるのだ。

1951 年 10 月、朝鮮戦争の休戦について会談する両陣営。2013 年現在も、未だに朝鮮戦争は終戦していない。

オバマ大統領（右）と会談する韓国の大統領・朴槿恵（パククネ）氏。同盟国・アメリカの支援もあるため、朝鮮戦争が再開すれば韓国が勝つ可能性が高いと考えられるが、経済的には韓国も大ダメージを受け、さらに日本も傍観者ではいられないと考えられる。

Q 62

中国と台湾は微妙な関係が続いているが今後「中台紛争」が起きる可能性はあるのか？

辛亥革命により1912年に清王朝が倒れ、新しく中国大陸に誕生したのが国民党政府による「中華民国」である。

しかし日中戦争後、共産党との内戦に敗れた国民党政府は台湾に逃れ、その代わりに1949年に中国大陸に成立したのが、共産党政府による「中華人民共和国」だ。

このような背景から、中国は台湾を自国の一部として捉えている一方、台湾には中国からの独立を考える勢力も多く、中国と台湾は長らく微妙な関係が続いている。

1980年代後半から90年代半ばにかけては融和が進んだが、その後関係は再び悪化し、**1996年には、中国軍が演習と称して台湾近海にミサイルを乱発**（台湾海峡ミサイル危機）している。

そして、東シナ海の軍事バランスが崩れることを恐れた当時のアメリカ大統領・クリントン氏が、台湾海峡に複数の航空母艦を派遣するなど、中台紛争直前の危機を迎えた。

結局、この際はそれが現実にはならなかったが、今後、中台紛争が永遠に起きないという保証はない。

考えられる可能性としては、台湾政府が中国からの独立を宣言した場合で、もし、それを許してしまえば、チベットなどの自治区も中国からの離脱を図る可能性が出てくるためだ。

実際、2005年には、**台湾が独立を宣言した場合の軍事行動を肯定化する「反国家分裂法」が中国で制定**されているのだ。

現在の台湾総統・馬英九《マーインチウ》氏は中国寄りといわれており、当面中台紛争が起きる可能性はなさそうだが、今後も、両者の関係には注目していく必要があるといえるだろう。

1996 年の台湾海峡ミサイル危機の際、台湾海峡に派遣されたアメリカの原子力空母「ニミッツ」。この他、空母「インディペンデンス」やイージス巡洋艦「バンカー・ヒル」なども派遣されている。

現在の台湾総統・馬英九氏。馬氏は親中派といわれており、当面、中台関係は落ちつきそうな気配を見せているが、それでも、今後永遠に中台紛争が起きないとは言い切れない。（©jamiweb and licensed for reuse under this Creative Commons Licence）

Q 63

「尖閣紛争」が起きてしまったら アメリカ軍は日本を手助けしてくれるのか？

緊張状態が続く尖閣諸島だが、今後、仮にこの地で日中間の紛争が勃発すれば、その勝敗を左右するのは、やはりアメリカ軍がどう動くかによるだろう。

アメリカにとって中国は巨大なマーケットであることから、「アメリカ軍は日本に加勢しない」との意見もあるが、この意見には日本を見捨てることによる、アメリカのリスクが含まれていない。

というのも、現在、中国軍は海上に2本の「列島線」を引き、海軍力を向上させてこれらを突破することをもくろんでいるが、この計画が実現すれば、アメリカとしては大きな不利益となる（30ページ参照）。

そして尖閣諸島は、沖縄本島から約410キロの地点に位置し、台湾とも約170キロしか離れていない。よって、仮に尖閣が中国に奪われ、軍事基地などが建設されれば、東シナ海の制海権と航空優勢が中国軍有利に傾きかねず、沖縄の在日アメリカ軍にとっても脅威となる。

つまり、アメリカにとっても、**尖閣諸島が中国の手に落ちては困るという事情がある**のだ。

実際、2012年末には尖閣諸島を日米安保の範囲内と認める法案がアメリカ議会上院で可決され、また、2013年7月にも、尖閣諸島を含む、アジアにおける中国の恫喝行為を非難するという対中非難決議が全会一致で可決した。

こうした背景もあり、尖閣諸島で日中有事が勃発した場合に、アメリカ軍の参戦をアメリカ議会が否決する可能性はかなり下がった。

つまり、現状は、**日米が一体となった尖閣諸島の防衛態勢が整いつつある**ということで、これは中国に対する大きな抑止力となっているだけでなく、もし中国軍の上陸などがあった場合でも、アメリカ軍の力を借りた奪還が期待できるということだ。

東シナ海南西部に浮かぶ尖閣諸島（左端の島が最大の魚釣島）。もし、日中間でこの地を巡る紛争が起きてしまったら、果たして、アメリカ軍は日本に加勢してくれるのか。（©BehBeh and licensed for reuse under this Creative Commons Licence）

現在のアメリカ合衆国国務長官、ジョン・フォーブズ・ケリー氏。前任のクリントン国務長官の見解を引き継ぐ形で、ケリー氏もまた「尖閣諸島は日米安保条約の適用対象」だと表明している。

Q64

アメリカ軍が初めて敗れたベトナム戦争とはどのようなものだったのか？

1945年、第二次世界大戦が終結すると、ベトナムは独立を宣言したが、その後、共産主義陣営が支援する北ベトナムと、資本主義陣営が支援する南ベトナムに分かれ、対立状態に陥ってしまう。

そんな中、アメリカは東南アジアの共産主義化を恐れ、積極的に南ベトナムを支援していた。

そして1960年、北ベトナムが支援する「南ベトナム解放民族戦線（ベトコン）」という組織が南ベトナムに対する武力攻撃を開始。一般的には、これがベトナム戦争の始まりだといわれる。

一方、1964年、アメリカ軍の駆逐艦が北ベトナム軍の魚雷艇から攻撃された（トンキン湾事件）のを契機に、アメリカもこの戦争への本格的な軍事介入を決意したのだが、これが地獄の始まりだった。

アメリカ軍は、ジャングルだらけのベトナムの風土とベトコンのゲリラ戦術に、大いに苦しめられた。

これは、ジャングルでは航空攻撃が難しく、戦車部隊の投入も厳しかったからだ。

その後、戦況は泥沼化し、「枯葉剤」という化学兵器を使用したことや、**トンキン湾事件がアメリカの捏造**だったことが発覚。アメリカを含む世界中で反戦ムードが広まり、結局、1973年1月にニクソン大統領が戦争終結を宣言。事実上、北ベトナム側の勝利に終わり、ベトナムは統一されたのである。

この戦争で、**アメリカは初めての敗戦を味わい、戦死者は6万人近くに上った。**

ただ、**忘れてはならないのが、勝ったはずの北ベトナム側の戦死者が100万人以上であること、そして、南北合わせて約60万人もの民間人が亡くなっている**ことだ（民間人死者数は諸説あり）。

そういう意味では、ベトナム戦争は「勝者なき戦争」ともいえるのである。

ベトナム戦争を戦うアメリカ軍兵士。この戦争では、ベトナムの地形やベトコンのゲリラ戦の前に、アメリカ軍は大いに苦しめられることとなる。

北ベトナム軍兵士とベトコンの戦死者たち。ベトナム戦争は最終的に北ベトナム側の勝利に終わったが、犠牲者の数も多大だった。

Q65

インドとパキスタンが核を持った原因印パ戦争の歴史とは？

イギリス統治の植民地時代、インドとパキスタンは1つの国家として扱われていたが、第二次世界大戦後、ヒンドゥー教徒が多数を占めるインド側と、イスラム教が主流であったパキスタン側にそれぞれ分離・独立することになった。

だが、それは一筋縄ではいかず、両国の対立は深刻化し、1947年には第一次印パ戦争が勃発している。

戦争の主原因は、カシミール地方の領有権争いだった。インドの北部にあるこの地方はインドとパキスタンの独立時、どちらに帰属するかが決められないままとなっていたのだ。

結局、国連の仲介もあって、第一次印パ戦争は停戦し、停戦ラインに基づいてカシミールは分割されたが、1965年には、再び印パ戦争が勃発（第二次印パ戦争）し、このときも国連の仲介で停戦している。

さらに、1971年には東パキスタン独立問題に端を発した第三次印パ戦争が起きるが、国力と兵力差で勝るインドが勝利し、東パキスタンも独立。この国が現在のバングラデシュである。

そして、この第三次印パ戦争の終結から3年後の1974年、事件が起こる。**インドの核実験成功**だ。

当然ながら、パキスタンにとってインドの核保有は大きな脅威となった。そこで、これに対抗するため、**パキスタンも1998年に核実験に成功。両者は共に、核保有国となったのである。**

2013年9月には、印パの両首相がカシミール地方の緊張を緩和する措置を講じることで合意したが、今後、またしても両国の対立関係が激化し、第四次印パ戦争が起きれば、互いに核兵器を使用してしまうという可能性もゼロではないのである。

第一次印パ戦争時のインド軍兵士たち。カシミール地方の領有権争いが戦争の主原因だった。

第三次印パ戦争で沈められた、パキスタン軍の潜水艦「ガージー」。これは、アメリカから貸与されていた「ディアブロ」という潜水艦だった。この第三次印パ戦争後、インドは核実験に成功し、さらにその後、パキスタンも核実験に成功。両国は共に核保有国となる。

Q66 世界中が第三次世界大戦を覚悟した「キューバ危機」とは？

かつて、核兵器が実戦使用されたのは、広島・長崎への原爆だが、「3回目」の直前まで至った出来事がある。それが、1962年の「キューバ危機」だ。

カリブ海に浮かぶキューバでは、1959年の革命で反米のカストロ首相による政権が誕生したが、アメリカにとって、これは悩みの種だった。

なぜなら、キューバはアメリカの目と鼻の先。こんな場所に共産主義の反米国家があると困るのだ。

そのため、アメリカはキューバとの国交を断絶し、経済封鎖も実施。さらには、アメリカ軍のキューバへの侵攻作戦を立案する。

こうした状況下で、キューバはソ連に接近した。そしてソ連首相のフルシチョフは、**アメリカの主要部を射程圏内に入れた核ミサイルをキューバに配備することを決めたのである。**

一方、1962年10月14日、アメリカ側が、キューバに設置されたミサイル基地を発見。当時のアメリカ大統領・ケネディは、当然ながらこのミサイル基地の撤去をソ連に求めた。

その後、米ソの交渉が進まない中で、10月27日には、キューバ上空を飛行していたアメリカ軍機をソ連軍のミサイルが撃墜するという事件が起きる。

このため、**世界中が第三次世界大戦の勃発を覚悟した。**

ところが翌28日、フルシチョフは、キューバからのミサイル撤去を決断。これは、このままではソ連への核攻撃も辞さないというケネディの強硬姿勢に、フルシチョフが折れたためだといわれている。

こうして、キューバ危機はなんとか回避されたのだが、もし本当に第三次世界大戦が起こっていれば、今日、われわれが暮らす世界は、現在とまったくちがう情勢になっていたかもしれない。

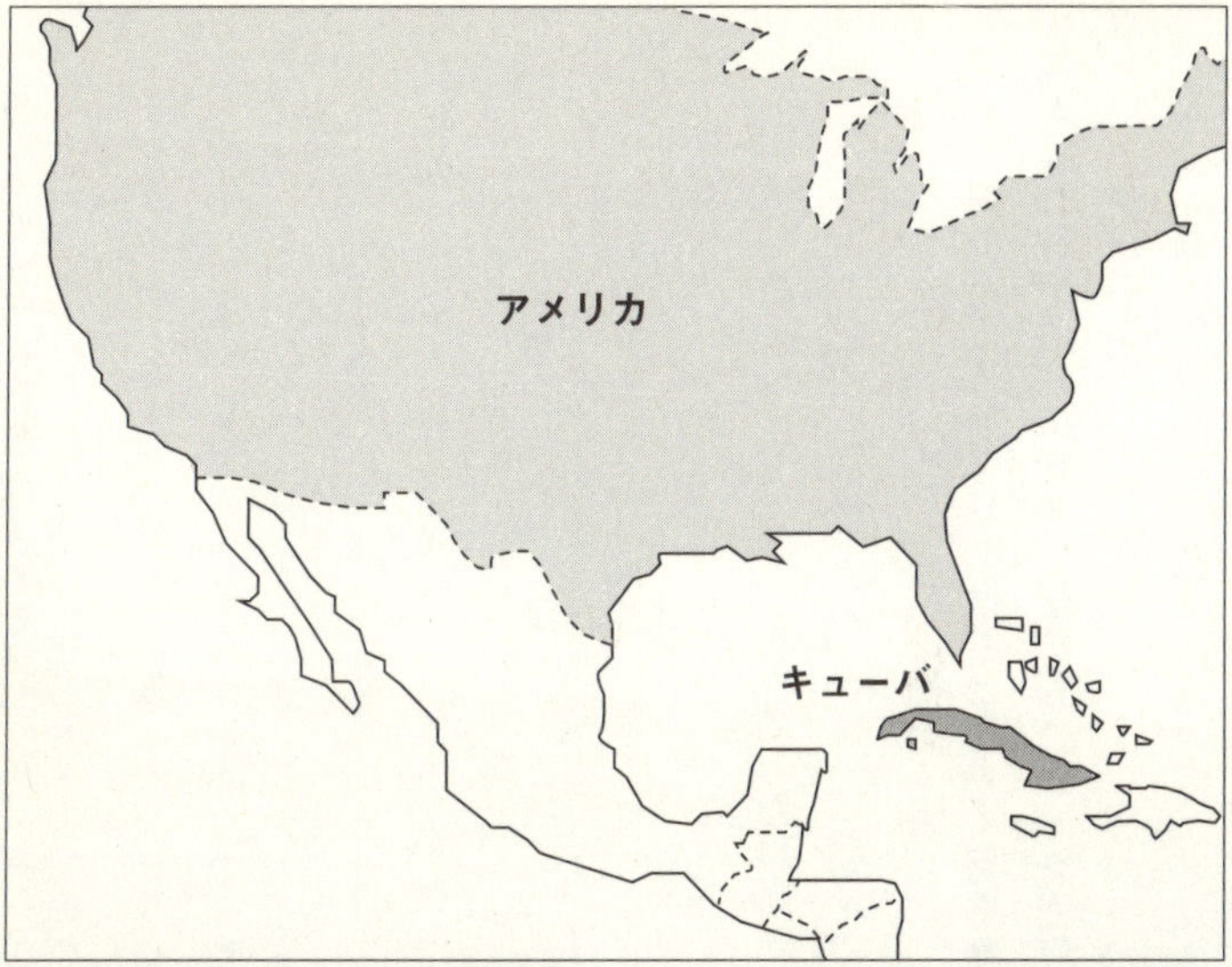

カリブ海に浮かぶキューバ。目と鼻の先といえるこの国にミサイル基地が配備されることは、アメリカにとって脅威となった。

当時のソ連首相・フルシチョフ（左）とアメリカ大統領・ケネディ（写真はキューバ危機以前の1961年撮影のもの）。フルシチョフがキューバからのミサイル撤去を決断し、キューバ危機は回避された。

Q67

アメリカが湾岸戦争に参加した「裏の理由」とは？

イラク軍のクウェートへの侵攻を理由に、アメリカを中心とした多国籍軍とイラク軍が戦った湾岸戦争については、よく覚えている人が多いだろう。

というのも、1991年1月から始まったこの戦争は、メディアがその様子をリアルタイムで中継し、各国の人々が生で「観賞」できたからだ。

また、ハイテク兵器が実戦で大量に使用された初の戦争としても有名で、「ニンテンドー・ウォー（ゲームのような戦争）」とも呼ばれている。

ところで、この戦争にアメリカが参戦した理由は、クウェートをイラクから救うためという、人道的見地に立ってのものだった。

だが、**実のところアメリカは、とにかく何らかの理由をつけて、この戦争に参加したかっただけだという説がある。**

そんな思惑が垣間見える、以下のようなエピソードがある。

湾岸戦争の開戦前、アメリカ議会でクウェート人少女がイラク軍兵士の悪行を涙ながらに訴え、これがアメリカの世論を参戦へと導いた。**だが実は、この少女はクウェート大使の娘で、証言は嘘だったことが発覚**しているのだ。

アメリカが参戦したかった理由としては、「中東の石油市場で存在感を発揮したかった」あるいは、「ハイテク兵器を実戦で使い、各国へ見せつけたかった」といったことが挙げられる。

アメリカが湾岸戦争に参戦した本当の理由は分からない。

ただ現実に、湾岸戦争で石油価格は高騰してアメリカの石油会社は莫大な利益を上げ、また、ハイテク兵器が実戦で大量に使用されたことは、それらを他国に売るための大きな宣伝になったのである。

湾岸戦争時、戦艦「ミズーリ」から発射されるアメリカ軍の巡航ミサイル「トマホーク」。湾岸戦争では、こうした巡航ミサイルがピンポイントでイラクの施設を攻撃したことから「ニンテンドー・ウォー」とも呼ばれた。

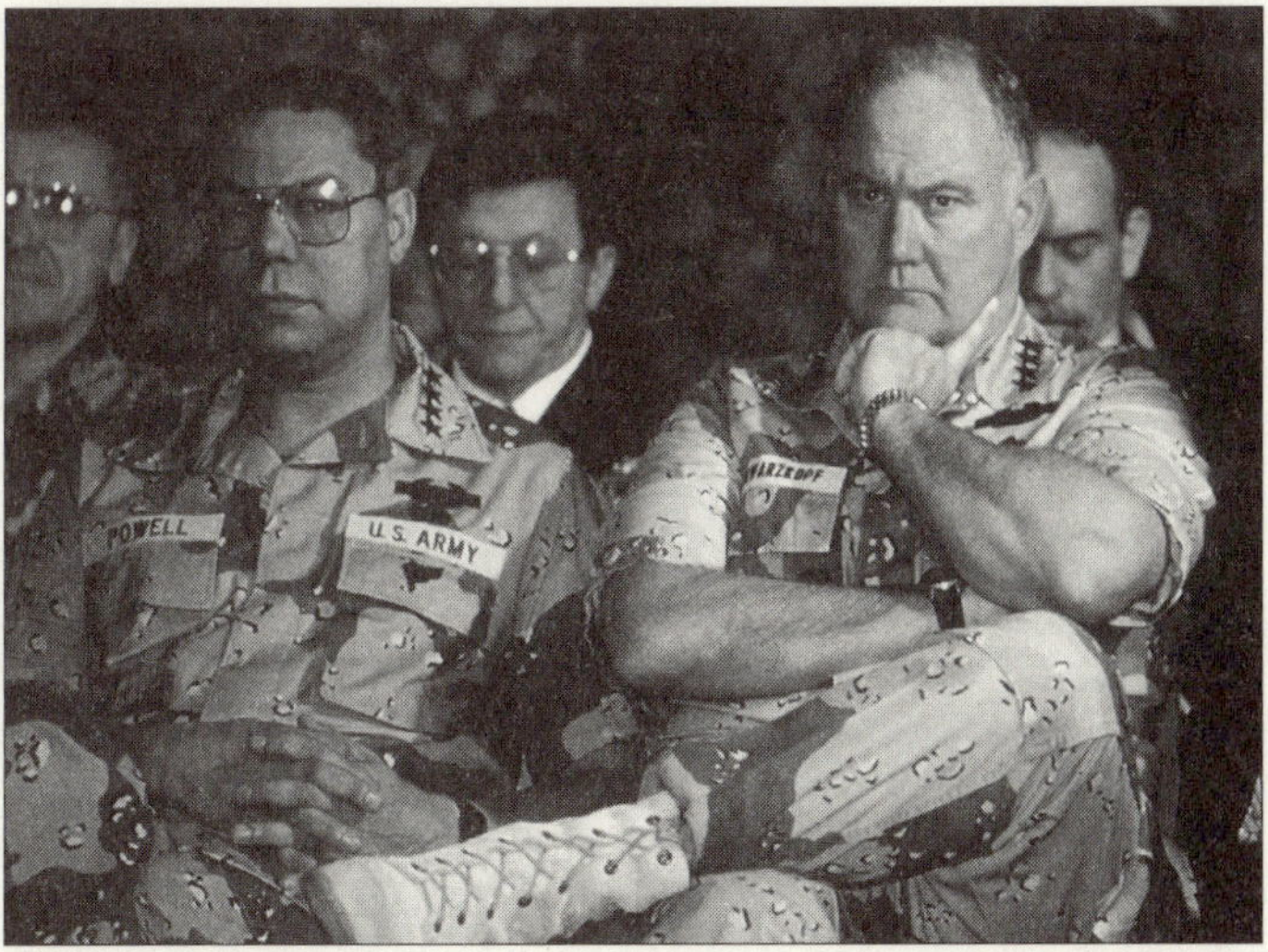

湾岸戦争における多国籍軍の指揮官たち。前列左が当時のアメリカ統合参謀本部議長・パウエル氏で、前列右が当時のアメリカ中央軍司令官・シュワルツコフ氏。アメリカが湾岸戦争に参加した「裏の理由」については、さまざまな憶測が囁かれている。

Q68 「イスラエルvsアラブ国家」中東戦争の歴史とは？

今からおよそ2000年前、国家の分裂やローマ帝国の弾圧などが原因で、ユダヤ人は自分たちの国を失ってしまった。

その後、世界各国に移住していたユダヤ人は、迫害を受け続けながらも定住の地を求め、1948年、中東のパレスチナにイスラエルを建国した。

一方、これを快く思わなかったのがエジプトやシリアなどといった「アラブ国家」と呼ばれる国々である。

なぜなら、パレスチナに住んでいた70〜80万人ものアラブ人（パレスチナ人）が、イスラエル建国の影響で難民となってしまったからだ。

しかも、**イスラエルが首都にしたエルサレムという地は、ユダヤ教のみならず、キリスト教、そしてアラブ人の大多数が信仰しているイスラム教の聖地でもある**のだ。

このため、アラブ国家はユダヤ人の排除と聖地奪還を目的に、イスラエル建国の翌日にはイスラエルへの侵攻を開始した（第一次中東戦争）。

このとき、アラブ国家の連合軍は約15万人、一方、イスラエルの兵力は約3万人だったが、国連の仲裁もあり、辛くもイスラエルが勝っている。

その後、1956年に第二次中東戦争、1967年に第三次中東戦争、そして1973年に第四次中東戦争が勃発しているが、軍事力を磨き続けてきたイスラエルが、すべて勝利してきた。

ただそれでも、アラブ側が屈したわけではない。現在なお、イスラエル周辺でテロ行為などが散発しているのはご存知の通りだ。

そして近年では、厳密にはアラブ国家と呼ばれないイランが、最もイスラエルに対して敵意をあらわにしており、この両国の衝突も懸念されている。

ユダヤ人国家・イスラエルの建国宣言の様子。この翌日、アラブ国家の連合軍がイスラエルに侵攻し、第一次中東戦争が始まった。

1948年、建国当時のイスラエル（ユダヤ人国家）の領土

近年のパレスチナ情勢地図

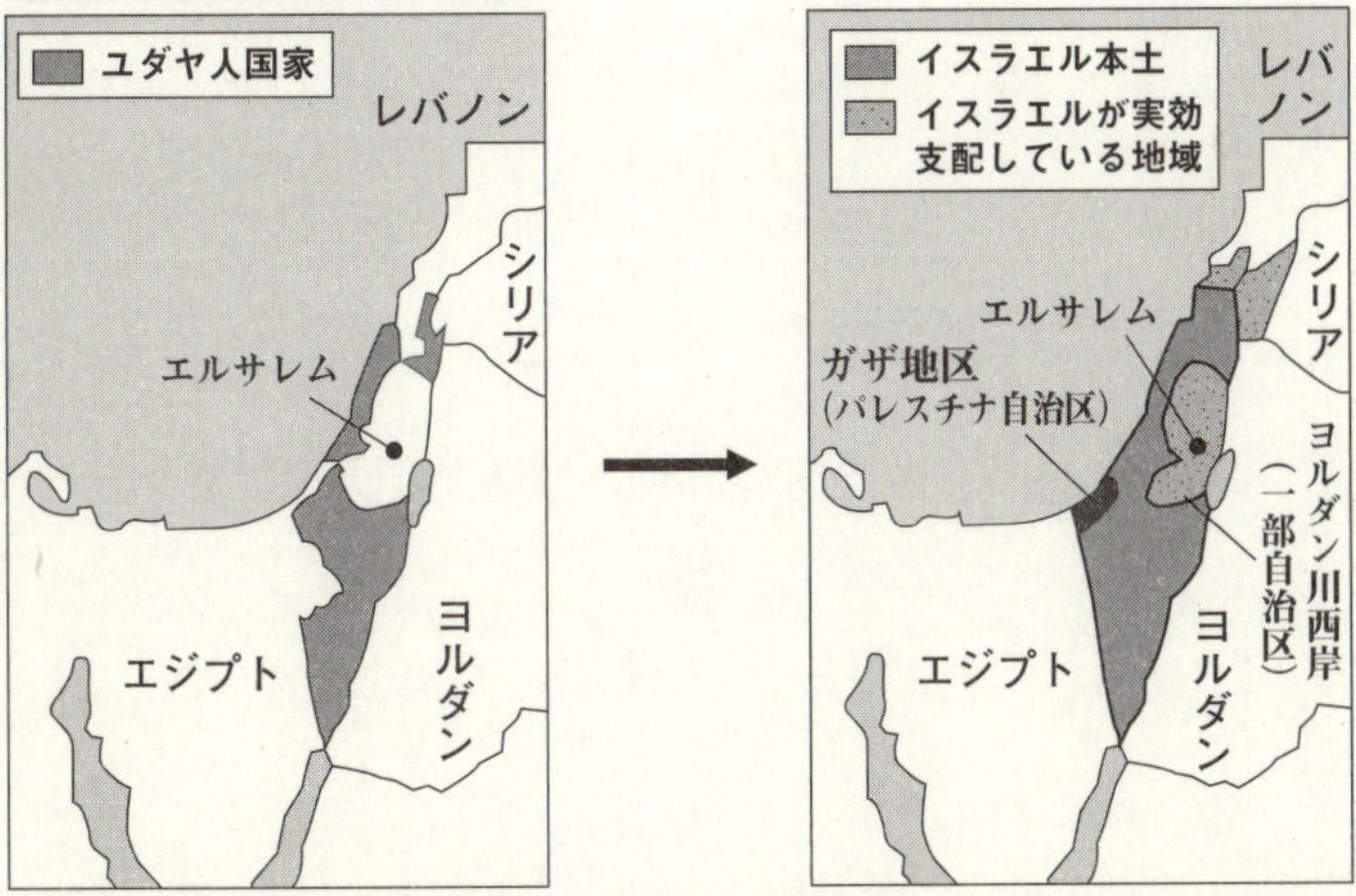

イスラエル建国当時、及び近年のパレスチナの情勢地図。イスラエルの周辺では、今なおテロ行為などが散発している。

Q69 イギリス軍とアルゼンチン軍が戦った フォークランド紛争と尖閣諸島問題の共通点とは？

南大西洋に浮かぶフォークランド諸島は、19世紀前半にイギリスとアルゼンチンの間で領有権争いがあったが、1833年からは、イギリスによって実効支配されてきた。

その後も両国の間で小競り合いがあったものの、18世紀後半〜20世紀のアルゼンチンがイギリス資本の流入によって繁栄したこともあって、アルゼンチンはイギリスの実効支配を黙認してきたのである。

しかし時は経ち、1976年に軍事政権が誕生したことで、アルゼンチンは天文学的なインフレに陥ってしまう。

当然、国民の不満は高まり、軍政への批判も強まった。こうした不満の矛先を変えるべく、アルゼンチン政府は、フォークランド諸島の領有権を再び主張し始めた。国民の愛国心を利用したのである。

1982年3月19日、アルゼンチンはまずフォークランド諸島に民間人を上陸させ、4月2日には軍の上陸部隊を派遣した。

当然ながら、イギリスはこれに反発し、軍を出動させた。こうして、フォークランド紛争は始まったのである。

その後、戦闘状態は3ヶ月続き、イギリス軍は約260人の戦死者を出しつつも、最終的にはアルゼンチン軍を島から撤退させ、勝利を収めた。一方、アルゼンチン軍の戦死者数は約650人だった。

この紛争の後、両国は1990年に国交を正式に回復したが、現在なお、フォークランド諸島の領有権問題は棚上げされたままになっているのである。

さて、このフォークランド紛争だが、実は、**尖閣諸島問題に通じる**ものがある。

というのも、136ページにも書いた通り、中国は南シナ海の西沙・南沙諸島の島々を実効支配した

フォークランド紛争時、最終的に投降するアルゼンチン軍兵士たち。この紛争と尖閣諸島問題には似通った部分がある。

際、アルゼンチンのようにまず民間人を上陸させており、尖閣諸島でも同様のことをする可能性は否定できない。

また、**２０１１年12月、及び２０１２年６月に中国の要人がアルゼンチンを訪問し、フォークランド諸島の領有権に関して、「アルゼンチン側の主張を支持する」と表明している**のである。

一方、２０１２年７月には**アルゼンチンの国防相が中国を訪問し、南シナ海の島々における領有権について「中国を支持する」と表明した。**

このように、中国は「似た者同士」のアルゼンチンを味方につけた。

今後も、こうした中国の外交戦略により、南シナ海、そして尖閣諸島における領有権について、中国を指示する国家が増えない保証はない。

これに対抗するためにも、日本も今後、「尖閣諸島が日本の領土」だという事実を、粘り強く、国際的にアピールしていく必要があるのだ。

Q70 指先だけで戦える新しいスタイルの戦争「サイバー戦争」の脅威とは？

現代では、軍事に関してもIT技術がなければ立ち行かず、そのため、新しいスタイルの戦争が生み出されつつある。

それが「サイバー戦争」だ。

サイバー戦争と一口でいっても、考えられる攻撃は多々存在する。

多数のコンピュータから大量のデータを送りつけてシステムをダウンさせてしまう「DDoS攻撃」、「クラッキング」と呼ばれるコンピュータシステム破壊活動、あるいは、ウイルスを潜り込ませてコンピュータを遠隔操作する行為などがその一例だ。

そして、これらの攻撃によってもたらされる被害は、かなり深刻になると考えられる。

なぜなら、軍の部隊同士の情報共有が重要な現代戦では、ヘリや戦車などといった多くの兵器が、高度にネットワーク化されているからだ。

よって、仮にサイバー攻撃を受けてしまい通信システムがダウンしてしまえば、データリンクが遮断され、部隊の統率が難しくなる。

さらに、ハイテク機器の塊である戦闘機や護衛艦は、もはや動くことさえできなくなるだろう。

また、攻撃の対象となり得るのは軍隊のみではない。民間企業が狙われた場合も、多大な被害が生じるだろうことが予測される。

というのも、例えば原子力発電所のコンピュータに侵入されてしまえば、大停電を引き起こされる可能性のみならず、**意図的にメルトダウンさせられてしまう可能性まであるからだ。**

こうしたネットワーク上の戦いに対処するため、アメリカ軍の場合、2010年にサイバー戦闘を統括する「陸軍サイバーコマンド」を設置するなど、各国は急いで態勢を整えているのである。

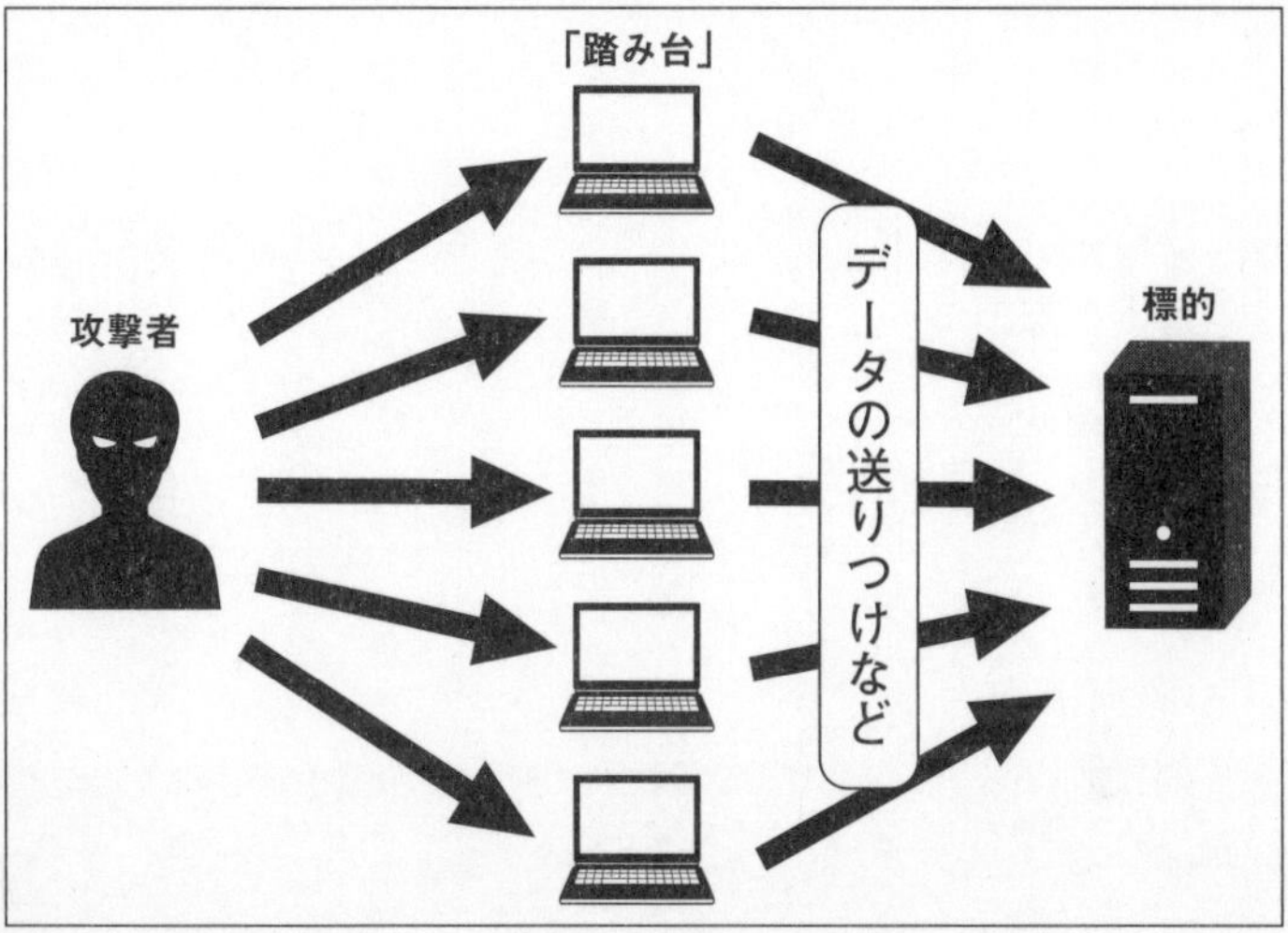

「DDoS 攻撃」のイメージ図。攻撃者は、「踏み台」と呼ばれる多数のコンピュータを通じて、標的となったサーバーなどに対して攻撃を行う。これは、「サイバー戦争」における攻撃手段の1つである。

ネットワーク上の戦いに対処すべく、例えばアメリカ軍の場合、サイバー戦闘を統括する「陸軍サイバーコマンド」を設置している。写真はその隊員たち。(©Brucecho and licensed for reuse under this Creative Commons Licence)

Q71 ギネスも認定している世界一高価な戦略爆撃機とは？

現在兵器はハイテク機能が満載されているため、値段も高くなりがちだ。

例えば、航空自衛隊の主力戦闘機「F‐15J」は1機約100億円で、海上自衛隊のイージス護衛艦「こんごう型」は、1隻約1200億円といわれている。

そんな中、世界で最も高価といわれている兵器が、アメリカ空軍の戦略爆撃機**「B‐2（スピリット）」**である。

その価格は、なんと**約2000億円**。ギネスブックでも、「世界一値段が高い飛行機」として認定されている。

また、B‐2は、世界で唯一のステルス爆撃機（「ステルス性」については174ページ参照）としても有名で、元々はソ連領への単独長距離核攻撃を想定して製造された。

開発は1970年代から始められたが、その目的から極秘扱いとなり、機体が完成した1988年まては、一部の軍関係者しか目にすることができない幻の爆撃機でもあった。

B‐2の特徴は、なんといっても水平尾翼も垂直尾翼も持たない「全翼機」であるという点だろう。

これは、ステルス性能を実現するための工夫の1つで、そのため、他に類を見ない形状をしているのである。

そんなB‐2は、湾岸戦争やコソボ紛争での通常爆撃で使用されて、大きな戦果も挙げているのだが、それ以上に価格が高過ぎるため「空飛ぶ金塊」などといわれてしまうこともある。

実際、アメリカ軍も当初はB‐2を100機以上製造する予定であったが、あまりに高価なため、全21機の製造にとどまっているのである。

世界一高価な爆撃機こと「B-2」。水平尾翼も垂直尾翼も持たない「全翼機」で、とても珍しい形である。

爆撃を行うB-2。これまで大きな戦果を挙げてはいるが、価格が高過ぎるため「空飛ぶ金塊」などと揶揄されることもある。

Q72 日本で何かと物議を醸している「オスプレイ」の実力とは？

昨今、日本で一番話題に上っているアメリカ軍の航空機といえば、間違いなく「V‐22」――通称「オスプレイ」であろう。

軍用輸送機であるオスプレイ最大の特徴は、「ティルトローター」と呼ばれる独自の機体構造にある。

通常のヘリコプターは狭い土地でも垂直離陸ができるが、飛行速度は遅く、燃費も悪いため航続距離が短い。一方、固定翼機（いわゆる普通の飛行機）は速くて航続距離も長いが、離陸には長い滑走路を必要とする。

だがオスプレイは、「ローター」と呼ばれるプロペラに似た回転翼を、機体の動きに応じて傾けることができる。

このローターの角度を変えることで、**ヘリコプターのように垂直離陸した後、固定翼機のように高速で飛行できる**のだ。

さらに、ホバリング（空中停止）や地面すれすれの超低空飛行も可能で、まさにヘリコプターと固定翼機のいいとこ取りなのである。

だが、２０１１年6月、そんなオスプレイが沖縄の普天間基地へ配備されることが発表されると、一大反対運動が起きた。

その一番の理由が、オスプレイの安全性である。要するに「墜落の可能性が高い航空機の配備など認められない」ということだ。

というのも、オスプレイは、開発段階から大小の事故を繰り返しており、実際、２０１２年までの事故による**死者は36名に上る**（日本での事故はない）。

現在では、改良と搭乗員の技量向上で事故率は激減したといわれているが、今後、自衛隊がオスプレイの導入を検討しているという話もあり、より一層の安全性の向上が求められている。

垂直離陸する「オスプレイ」。ローターの角度を変えることで、ヘリコプターのようなホバリング、そして固定翼機のような高速飛行の両方が可能になる。

Q 73

「走るコンピュータ」の異名を持つ陸上自衛隊の「10式戦車」とは?

太平洋戦争時、日本は「戦車後進国」といわれ続けてきたのだが、陸上自衛隊は、かつての悪評を覆すような戦車を生み出し続けてきた。

陸自の国産主力戦車の歴史は、1961年の「61式」に始まり、1974年の「74式」、1990年の「90式」と受け継がれ、そして2010年に制式採用されたのが「10式戦車」である。

90式は、20年にわたり主力を担ってきた戦車で、性能も世界最高水準といわれていたが、車体が重過ぎるという欠点があった。

一方、10式は約50トンあった90式より6トン前後の軽量化に成功しながらも、火力、防御力、機動力といった、あらゆる面での性能向上を実現したのである。

また、ドイツ企業の砲塔をライセンス生産していた90式とは違い、10式では主要部分のほぼすべてが国内産なので、「純国産」だといえるのだ。

そんな10式戦車最大の特徴が、「C4Iシステム」と呼ばれるデータリンクシステムだ。

これは、GPSなどを駆使し、戦闘時の戦車同士で情報を共有できるシステムで、この機能が搭載されたことにより、10式はこれまでにない速度と精密さで相互連携を行うことができるようになったのである。

このように高度に発達した情報共有システムは、中国軍の「99式戦車」や、韓国軍の「K1A1戦車」には搭載されていない。

なお、10式は非常にハイテクだということで、**「走るコンピュータ」**という異名も持つ。

そして現状、仮に日本国内で戦車対戦車の戦闘が起きた場合には、**世界のどの戦車も、10式戦車には勝てない**だろうと評されているのである。

陸上自衛隊の「10 式戦車」。主要部分のほぼすべてが国産品で「走るコンピュータ」の異名を持つ。（写真引用元：「陸上自衛隊 HP【http://www.mod.go.jp/gsdf/】」）

日米共同訓練時の「61 式戦車」。戦後初となる国産戦車だったが、2000 年に全車が退役している。

Q74 自衛隊も導入予定の「第5世代」戦闘機「F・35」とは？

戦闘機を時代別に区分すると、1940年代に開発されたジェット戦闘機が「第1世代」、50年代に登場した音速ジェット戦闘機が「第2世代」、それに改良が加えられ60年代に誕生したのが「第3世代」、さらに電子機器を中心に進化し80年代から運用されたのが「第4世代」で、ステルス性（174ページ参照）を備えた2000年代の戦闘機が「第5世代」と呼ばれている。

現代、第5世代戦闘機として実際に配備されているのは、アメリカ空軍の「F・22」（174ページ参照）のみだが、今後、世界の航空戦力事情を塗り替えるだろうと目されているのが、ロッキード・マーティン社が中心となって開発している戦闘機「F・35」である。

F・35は、単機で多目的の任務を可能にするという「JSF（統合打撃戦闘機）プロジェクト」に基づき開発が進められ、2006年には試作機が初飛行に成功している。

F・35には、**対空ミサイルから対艦・対レーダーミサイル、対地誘導爆弾まで、あらゆる兵装が可能となっており、さらに、レーダーは前方185キロ以上、左右60度もの広大なエリアを一瞬で探知することができるものを採用**している。

そんなF・35については、アメリカをはじめとして、イギリスやイタリアも導入する予定だが、航空自衛隊も、次期戦闘機として調達する予定だ。

ただ、当初2016年度を予定していた納入時期は、その後、機体の不具合が見つかるなどして遅れが見込まれている。

また、機体に搭載される最新ソフトウェアの完成も遅延するなどして、空白が実戦配備ができるのは、2018年以降と予想されているのである。

「F-35」には「F-35A」「F-35B」「F-35C」という、それぞれタイプが異なる派生形が存在するが、日本が導入を予定しているのは「F-35A」（写真）である。

「F-35」の模型を使った開発実験の様子。

Q75 そもそも「イージス艦」とはどのような艦艇のことをいうのか?

ニュースなどで「イージス艦」という名称を聞いたことはあっても、具体的に、それがどのような艦艇なのかは説明できない人も少なくないのではないだろうか。

人によっては、艦艇名が「イージス」だと勘違いしていることもあるが、これはまったくの誤りだ。

イージス艦を一言で説明するならば、**「〝イージスシステム〟を搭載している艦艇」**ということになる。

イージスシステムは、フェイズドアレイレーダーと情報処理機能、そして各種兵装で構成されており、これらを組み合わせることによって、高度な防空力を実現することに成功している。

具体的には、フェイズドアレイレーダーが敵の攻撃（目標）を察知すると、情報処理機能によって目標を危険度に合わせて分類し、それから状況に応じた兵装を使用して、各種目標に対処していくという流れだ。

要するに、イージスシステムは、航空機や飛来してくるミサイル攻撃から国土や艦隊を守るために開発されたもので、索敵から情勢判断、攻撃（迎撃）までの一連の作業を迅速に行うためのコンピュータシステムのことなのだ。

ちなみに、「イージス」とは、ギリシャ神話において、ゼウスが娘のアテナに与えた盾（胸当て）の名で、このことからも防御を主体とした艦艇であることが分かる。

そんなイージス艦の保有国は、現状、アメリカ、日本、韓国、スペイン、ノルウェーの5ヶ国のみで、海上自衛隊は、84隻を誇るアメリカ海軍には到底及ばないものの、それに次ぐ6隻を保有しているのである。

アメリカ海軍のイージス艦「アーレイ・バーク級」に搭載されたフェイズドアレイレーダー（八角形のパネルのようなもの）。イージス艦はこうしたレーダーなどを駆使して、索敵や攻撃などを行う。

海上自衛隊の「こんごう型」イージス艦「みょうこう」。海自は６隻のイージス艦を保有しているが、これはアメリカ海軍に次ぐ世界第２位の保有数である。（©Amanda McErlich, NZ Defence Force and licensed for reuse under this Creative Commons Licence）

Q76 「原子力潜水艦」の長所と短所とは？

「原子力潜水艦（原潜）」とは、その名の通り、推進機関に原子炉を搭載している潜水艦のことだ。

そのため、原子力技術を持つ国しか製造できず、現在、原潜を保有しているのは、アメリカ、ロシア、イギリス、フランス、中国、インドの6ヶ国だけだ。

では、この原潜には、どのような特徴があり、また、通常の潜水艦とはどう異なるのだろうか。

原潜の最大の特徴は、長大な航続力である。

通常型の潜水艦は液体燃料を用いており、酸素補給のための浮上も必要なので、ほとんどの艦は、連続した水中活動は数日程度が限界だ。

一方、原潜は、原子炉の整備が数年ごとで充分なために無補給の長時間行動が可能となる。

また、膨大な電力を利用した電子分解で酸素も作り出せるため、**理論上は、半永久的な水中活動が可能**である（実際には、船体整備や乗員の休養などが必要なので、数ヶ月が限界だとされている）。

このように、原潜は秘匿性の高い水中に長くいられるため、核ミサイルの発射拠点として利用される「戦略型原子力潜水艦」もある。

ただし、そんな原潜にも欠点はあり、その筆頭が、「騒音」だ。**原潜の原子炉には駆動音の大きい部分が多々あるため、静寂性が低い**のである。

このように、静寂性が低ければ他国の対潜部隊から発見されやすく、特に、狭い海域内では不利になる。

さらに、原潜は撃沈された際、周辺海域への放射能汚染も無視できない。

以上のことから考えれば、原潜は、広い外洋で使用することを想定した艦艇だといえる。

逆に、日本のように、本土近海のみで活動するのであれば、静寂性の高い通常型潜水艦を用いるほうがメリットが多いともいえるのである。

アメリカ海軍の戦略型原子力潜水艦「オハイオ級」。原子力潜水艦には長大な航続力があるため、この潜水艦のように核ミサイルの発射拠点としても利用される。

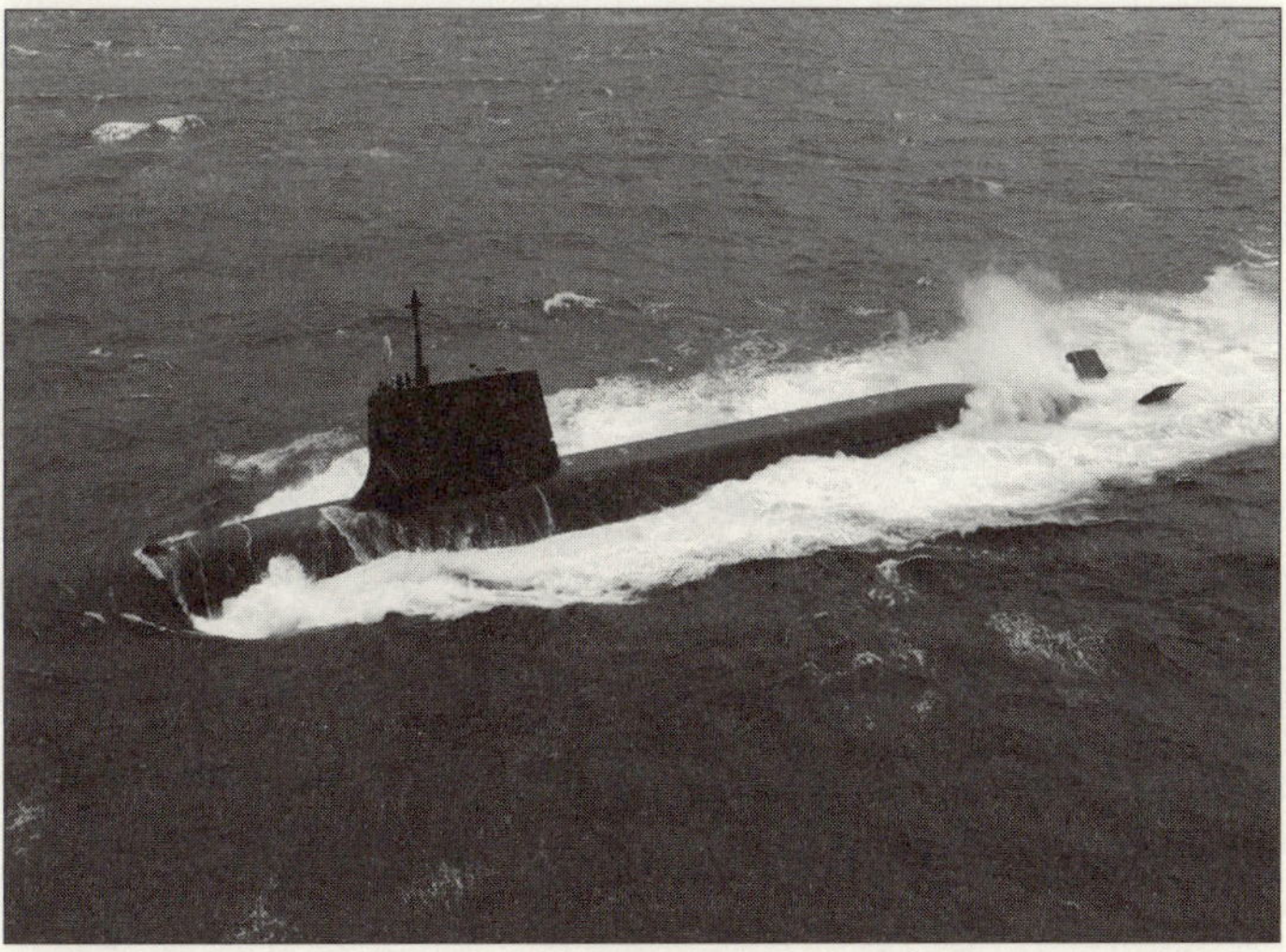

２００９年から就役している、海上自衛隊の通常型潜水艦「そうりゅう」。さまざまな新技術を駆使して、水中活動を２週間以上まで延ばすことに成功している。（写真引用元：「海上自衛隊 HP【http://www.mod.go.jp/msdf/】」）

Q77

中国初の航空母艦「遼寧」は脅威にならない?

2012年9月、太平洋進出に力を入れる中国軍は、ウクライナから購入した旧ソ連製の航空母艦「ワリヤーグ」を再建造し、ついに中国初の空母「遼寧」を就航させた。

この「遼寧」の登場により、アジアの軍事バランスが一変してしまったとする話もあるが、実のところ、**「遼寧は見かけ倒し」**だという意見のほうが多数で、場合によっては、ただの「大きな的」とさえ評されている。

というのも、まず、遼寧のもとの艦であるワリヤーグは、現在の空母と比べると、かなり旧式の艦艇なのだ。

艦艇を運用するのに必要な各種の機器などは新調されたものの、最も重要な飛行甲板はそのままで、現在の空母には、「カタパルト」(空母から航空機を発射させるための装置。飛行甲板の長さが短くて済む)がついているのが常識であるにもかかわらず、遼寧にはそのカタパルトもついていない。

また、ロシア海軍は、遼寧(ワリヤーグ)と同型艦の「アドミラル・クズネツォフ」を実戦配備してはいるが、老朽化のために稼働率はかなり低い状態にあるという。

そして、中国もそんな遼寧を実戦に投入するつもりはないようで、今後は、遼寧の運用データに基づいて、より実戦向きの中国産空母2隻を開発する予定なのだという。

つまり、遼寧はあくまで今後中国が新たな空母を建造・運用するための**「実験艦」という意味合いが強い**のだ。

ただ、前述の通り、「遼寧」を足がかりに中国が空母を建造予定なのは事実であり、そのことについては今後も注意が必要である。

旧ソ連製の航空母艦「ワリヤーグ」に装備を施している様子（後ろの艦）。この空母が、2012年9月に「遼寧」という名で就航した。(©Yhz1221 and licensed for reuse under this Creative Commons Licence)

航空母艦から航空機を発射させるための装置「カタパルト」。「射出機」とも呼ばれる。現代の航空母艦には、このカタパルトがついているのが常識だが、遼寧にはついていない。なお、今後遼寧にカタパルトをつけるという動きもあるが、具体的なメドはついていないようだ。

Q78

世界で唯一配備済みのステルス戦闘機「F・22」とは？

「その兵器が、どれくらいセンサー類から探知されにくいかの程度」は、「ステルス性」といわれる。例えば、「ステルス性が高い」とは、「敵軍のセンサーなどで探知されにくい」という意味だ。

当然、兵器はステルス性が高いほうが良いため、そのための技術が、艦艇や航空機、戦車などにも用いられている。

そして、現在すでに実用化されている唯一のステルス戦闘機が、アメリカ軍の「F・22（ラプター）」だ。

F・22は、「ステルス戦闘機の最高峰」といわれ、レーダーからの探知を阻害する電波吸収素材や特殊塗料の使用、そして「ウェポンベイ」（機体の内部に兵装を搭載するためのスペース）の採用によって、探知される確率を大幅に減らすことに成功。また、エンジン排気口も熱が出にくい構造で、赤外線でも探知されにくい。

また、F・22は攻撃力も高く、世界最強の航空レーダー「AN／APG・77」が搭載され、最大250キロ離れた目標を探知できる。一方、エンジンは、高い推力で「スーパークルーズ（超音速巡航）」を可能にする「F119・PW100」というものだ。

そんなF・22は、現在まで実戦への参加はないが、その実力は相当高いようで、**2004年に行われた「異機種間戦闘訓練」では、「F・15C」相手に104対0で圧勝。2007年の演習でも120対1**と、力の差を見せつけている。

ただし、F・22にも大きな弱点があった。それが「コストが高過ぎる」という点だ。なんとF・22は、1機あたりおよそ**150億円**もするのである。

このため、当初は750機の調達が予定されていたF・22は、結局、2011年に調達された通算195機を最後に、現在は生産を終了している。

フレア（赤外線センサーを欺くための、偽の熱源）。を撒きながら飛行する「F-22」。世界で唯一、実用化されているステルス戦闘機である。

F-22 のエンジン「F119-PW100」。これを搭載することで、F-22 は超音速巡行が可能になっている。

Q79 秘密のベールに包まれた中国産第5世代戦闘機「J-20」とは？

「アメリカは2020年までに第5世代戦闘機を1100機保有できるが、中国軍が実用化できる機体はゼロであろう」

これは、2009年に、当時のアメリカ国防長官だったロバート・ゲーツ氏が語った予想である。

しかしこの予想は、発言からわずか2年で覆された。**2011年2月、中国軍が国産ステルス機の試験飛行に成功**したからだ。その名を「J-20（殲撃20型）」という。

J-20は、詳しい情報はまだ正式発表されていないが、試験飛行の様子から判明したことは、20メートル級の大型機であることと、突起物の少ない流線型の機体形状であることだ。

また、尾翼には、翼全体を稼動させる「オールフライングテイル」が取り入れられていることがほぼ確定しており、空中戦での機動力も極めて高いと見られる。

中国軍はそんなJ-20を、2019年までに量産する計画を立てているとされる。

ただ、その性能などについては、あくまでも限られた情報の中での予想でしかない。

ステルス戦闘機を製造するには、レーダー波を遮断するための特殊な素材や塗料、熱反応を抑えるよう工夫されたエンジン、機体制御の要ともいえる高性能アビオニクス（航空機用の電子機器）などが必要となる。

そのため、技術力ではまだ欧米に劣る中国が、高性能のステルス戦闘機を独自開発できるのかは疑問で、J-20について、「せいぜいステルス機のような・・・もの」という認識している識者もいるほどだ。

J-20が「本物」なのかどうか——それは現在のところ、まだ謎なのである。

中国産の第５世代戦闘機「J-20」。初飛行直前の様子。（画像引用元：http://www.youtube.com/watch?feature=player_embedded&v=jSqj1Cnzbl4#t=164）

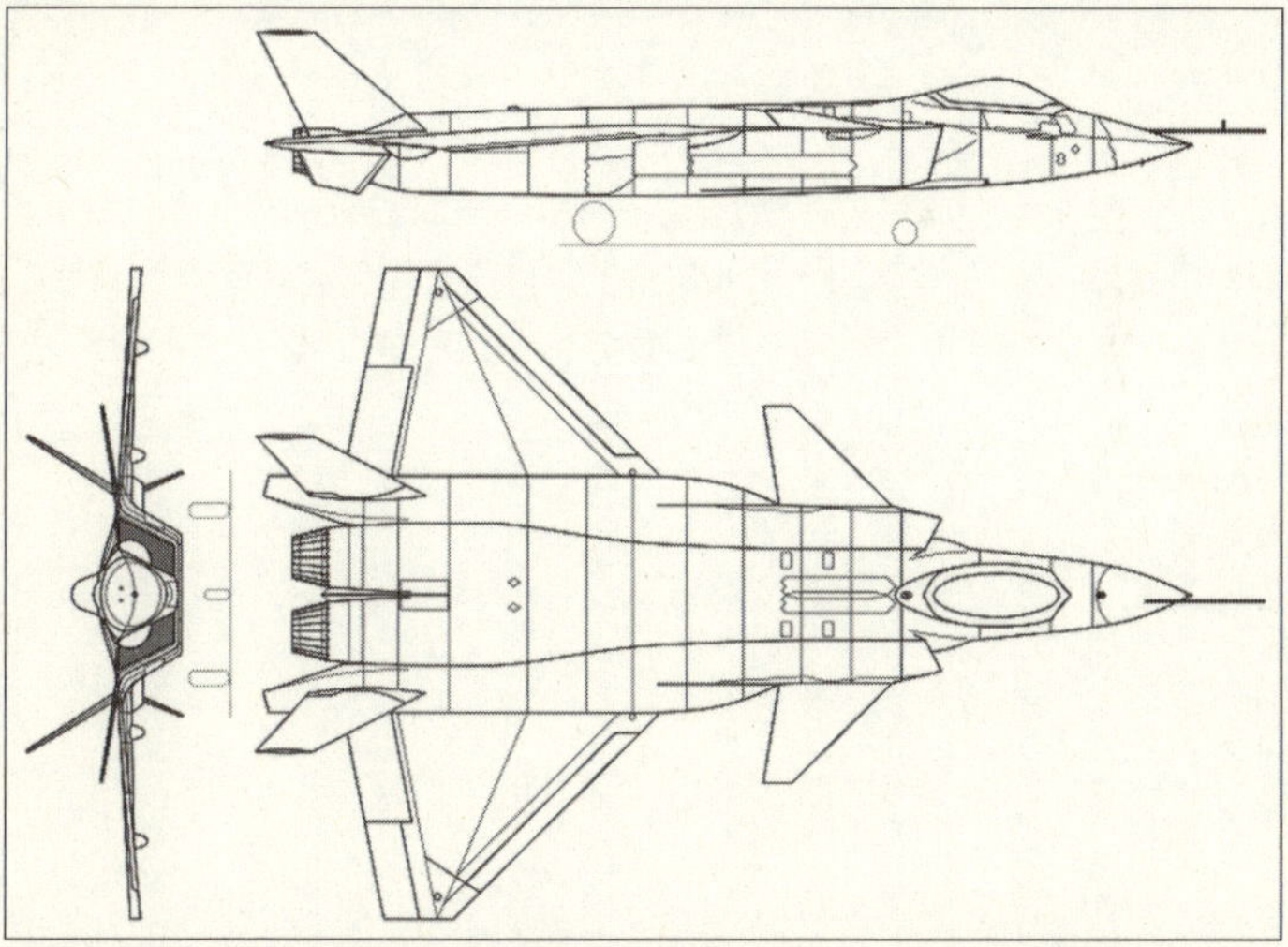

J-20 の三面図。中国軍はこの戦闘機を 2019 年までに量産する計画を立てているというが、具体的な性能などについては未知数である。（©Kaboldy and licensed for reuse under this Creative Commons Licence）

Q80

初の実戦配備が発表された「レーザー兵器」の実力とは？

光の速さで目標に到達し、破壊するという「レーザー兵器」。SF映画などではよく登場するこの兵器が、いよいよ現実のものとなる日が近づいている。というのも、アメリカ海軍が「シーエアスペース（海上航空宇宙展示会）2013」の場で、**レーザー兵器の配備を発表**したのだ。

これまでの機関砲は、重力や風圧の影響を受けて、弾道が逸れてしまうことも多かったが、レーザービームは重力や風で軌道が曲がることはなく、出力次第では長距離の照射も可能だ。

つまり、高速で飛来するミサイルや戦闘機を迎撃するには、うってつけだといえるのだ。

アメリカ軍がレーザー兵器の開発を始めたのは、90年代末ごろだといわれている。

2010年と11年には無人標的機の迎撃実験にも成功し、ついに2014年、海上基地として使用される輸送揚陸艦「ポンス」にレーザー兵器を搭載する予定であるという。

ただ、今回開発されたレーザー兵器は小型で出力も低いため、大型目標を迎撃・破壊するほどの能力はない。

また、破壊可能な規模のものでも、目標に対して数秒間照射し続ける必要があり、「即破壊できる」わけでもない。

加えて、レーザービームは重力に関係なく直進するため、地平線や水平線から先の目標への攻撃はできない。垂直攻撃は得意でも、水平攻撃は苦手だといえるのだ。

それでも、アメリカでは現在、さらなる高出力レーザーが開発されているといわれており、それが完成すれば、今後レーザー兵器がアメリカ軍の主力兵器の1つとなる可能性は否めないのだ。

アメリカ海軍が発表した「レーザー兵器」のイメージ動画。もはや、レーザー兵器はSF映画だけのものではなくなってきている。（画像引用元：http://www.youtube.com/watch?v=OmoldX1wKYQ&feature=youtu.be）

レーザー兵器が搭載される予定の輸送揚陸艦「ポンス」。今回開発されたレーザー兵器はまだ発展途上だが、今後さらなる高出力のものが登場する可能性がある。

Q81

ロケット弾攻撃に悩むイスラエル軍が生んだ防空システム「アイアン・ドーム」とは？

中東最強といわれるイスラエル軍だが、防衛上で頭を悩ませている問題があった。

それは、イスラム原理主義組織からの、ロケット弾による攻撃だ。

2006年のレバノン侵攻ではイスラエル北部にロケット弾約4000発が、また、2000年から2008年にかけてはイスラエル南部に迫撃砲弾約4000発とロケット弾約4000発が打ち込まれており、イスラエルでは、数十人の犠牲者が出ているのである。

そこで、これに対抗するため、2011年に実用化されたのが**「アイアン・ドーム」**という名の防空システムである。

アイアン・ドームの最も優れた点は、危険度の高いミサイルを選んで撃墜できることだ。

イスラム原理主義組織が放つロケット弾は誘導装置のない旧式のものが多く、この弱点を補うために、複数発による攻撃を主としている。

これらをすべて撃墜するには莫大な弾薬が必要となるが、**アイアン・ドームは電子機器でロケット弾の着弾位置を割り出し、軍事施設や民間地域に着弾するものだけを効率よく正確に迎撃できる**というわけだ。

実際、アイアン・ドームの活躍は素晴らしく、例えば、2012年11月のガザ空爆作戦時においては、イスラエルの市街地に向けてイスラム原理主義組織が発射したロケット弾の9割以上を迎撃したと発表された。

なお、発射のためのコストがかなり高額であるため、現在のところ、アイアン・ドームの配備数は限定的であるものの、今後は、配備数の増加が予定されている。

「アイアン・ドーム」から放たれる迎撃ミサイル。アイアン・ドームは、危険度の高いミサイルを選んで迎撃することができる。（©http://www.flickr.com/people/45644610@N03 and licensed for reuse under this Creative Commons Licence）

アイアン・ドームの運用チーム。今後、イスラエルではこの防空システムの配備数を増やす予定である。（©U.S. Embassy Tel Aviv with modifications and licensed for reuse under this Creative Commons Licence）

Q82

人工衛星から金属棒を降らせて攻撃 未知の宇宙兵器「神の杖」とは?

「宇宙から何かが凄まじい勢いで降ってきて、地球上の国がダメージを受ける」と聞くと、隕石などをイメージするかもしれないが、なんとアメリカでは、ほぼこれと同じような「宇宙兵器」を開発中だというのだ。

通称「神の杖」と呼ばれるこの兵器が、宇宙から降らせるのは「金属棒」。**直径30センチ、長さ6メートル程度のタングステン製、または劣化ウラン製の金属棒を人工衛星に搭載し、地球の引力を用いて地上に突き刺す**という方法で攻撃を行うというのである。

金属棒が急降下する際のスピードは推定時速1万6000キロ。他の衛星で金属棒を誘導することで地球上のどこでもピンポイントで攻撃でき、地下数百メートルまで貫くことが可能とされている。

アメリカではこの「神の杖」を含め、さまざまな宇宙兵器を研究・開発中だとされているが、詳細は明らかにされていない。

ただ、神の杖については、「すでに実験が行われた」という説も囁かれている。

それが、2013年2月、ロシアのウラル連邦管区で発生した隕石落下事故である。つまり、**このときに落下したのは隕石ではなくて、神の杖**だというのだ。

さすがにこれは妄想の類といえるが、いずれにせよ恐いのは、神の杖のような兵器を、「非現実」と切り捨てられないほど、武器開発技術が進んでいることだ。

もし、神の杖が本当に完成し、実戦で使用されれば、犠牲者は多大な数に上るだろう。「神の杖」というよりは「悪魔の鉄槌」になってしまうのではないだろうか。

アメリカのGPS衛星「ナブスター2」。こうした人工衛星に搭載した金属棒を地球上に降らせて攻撃しようというのが宇宙兵器「神の杖」である。

2013年2月、ロシアに落下した隕石の衝撃波で破壊された建物。これは、隕石ではなく神の杖の実験だったという説がある。（©Pospel A and licensed for reuse under this Creative Commons Licence）

Q 83

開発中の無人ステルス戦闘機「X・47」が抱える課題とは？

アメリカでは現在、世界初の**無人ステルス戦闘機**「X・47（ペガサス）」を開発中である。

X・47は高いステルス能力を有し、敵施設への先制攻撃、及びレーザー兵器（178ページ参照）でのミサイル破壊を主任務とする空母搭載型の無人戦闘機で、最大の特徴は、その操作方法だ。

これまでの無人機は、地上からの遠隔操作が主流だった。

しかし、X・47は、あらかじめデータを入力することで、ある程度の自立行動が可能となる。つまり、**航空機が自身の判断で離陸・飛行・発着を行う**ということだ。

しかも、このまま開発が進めば完全な自立飛行も可能になるとさえいわれている。

事実、2013年5月には、カタパルトを使用した空母発艦実験に成功。7月には着陸実験にも成功している。

このような無人機による空母離着陸は、世界初の偉業だ。

ただ、現在の技術では高度な戦闘機動（空中での動作）を自動で行うことは難しく、搭載予定のレーザー兵器も実用化のメドが立っていない。

そして最も大きな問題は、パイロットたちの不信感だ。

このまま無人機の開発が進めば、当然パイロットは削減され、場合によっては不要論も出てくるだろう。今まで培ってきた技術どころか、存在すら否定されればパイロットたちのプライドや士気に大きな影響を及ぼす。

機体や搭載兵器開発の技術的な問題もそうだが、現場の兵士の思いにはどう対処するのか。それもまた、X・47が解決すべき課題の1つといえるのだ。

アメリカ軍が開発中の無人ステルス戦闘機「X-47」のイメージ画像。順調に開発が進めば、最終的に完全な自立飛行も可能になるといわれている。

空母からの離陸実験を行うX-47。技術面もそうだが、パイロットたちの心理面のケアも重要な課題である。（写真引用元：「アメリカ海軍HP【http://www.navy.mil/】」）

Q84 「無人兵器」や「ロボット兵器」の導入で未来の戦争はどうなる？

近年では、戦場において「無人兵器」が見られることが少なくない。

例えば、2011年の2月に始まったリビア内戦では、攻撃能力を持つアメリカ軍の無人航空機「MQ-1（プレデター）」が、リビアのカダフィ大佐の乗る車両を捕捉して撃破しており、また、2011年5月にアメリカ軍がウサマ・ビン・ラディンを殺害した際には、偵察用無人航空機「RQ-170（センチネル）」で情報を収集している。

こうした無人兵器は、近年さらに技術が進んでおり、殺人目標の選定まで行う**「自律型の殺人ロボット」**の導入も検討されている。

このように、無人兵器やロボット兵器が多用されるようになれば、未来の戦争は、従来の戦争よりも兵士の犠牲が減るのではないかとも考えられる。

しかしながら、無人兵器はリモコンやネットワークを通じて操作するため、通信を妨害されたり、コンピュータウィルスに感染したりしたことが原因の誤作動も考えられる。

それでも、ロボット兵器対ロボット兵器の戦いならば人的被害はないが、もし**制御不能が原因でロボット兵器が人に危害を加え始めれば、無差別大量虐殺に繋がる**可能性もある。

また、無人機による攻撃は、操縦者が「人を殺害した」という実感を持ちにくくなってしまうという問題もある。

このため、「人が関与しない兵器の開発中止運動」なども世界的に行われているのである。

ただ、こうした無人機は、例えば人が入れない危険な場所の偵察などには大いに役立つという側面もある。つまり、使い方1つで、殺人兵器にも人間の命を守るための道具にもなり得るのだ。

ミサイルを搭載したアメリカ軍の無人航空機「MQ-1」。リビア内戦時、リビアのカダフィ大佐はこの航空機に補足・撃破された。

ドイツ軍の爆発物処理用ロボット。これは、人の命を守ることが主目的の無人機だといえるだろう。（©Ra Boe and licensed for reuse under this Creative Commons Licence）

第5章 意外と知らないことも多い？ 軍隊にまつわる雑学の謎

Q85 世界各国にはどのような「同盟」が存在するのか？

20世紀の初頭、日本はイギリスと「日英同盟」を締結し、太平洋戦争の直前には、「日独伊三国同盟」を締結した。そして、現在の日本がアメリカとのみ同盟を結んでいることはご存じの通りである。

では、世界を見渡せば、こうした同盟関係は、どのようなものが存在するのか。

まず、世界一有名かつ幅広いのが欧米諸国で構成された「北大西洋条約機構（NATO）」であろう。また、今では解散しているが、冷戦期にはNATOに対抗するための、ソ連を中心とした東欧諸国の軍事同盟「ワルシャワ条約機構」も存在した。

一方、近年目立つのが**「上海協力機構」**だ。これは、2001年に中国が中心となって発足したもので、他にはロシア、カザフスタン、キルギス、タジキスタン、ウズベキスタンの計6ヶ国が加盟している。

その領土面積はユーラシア大陸の約3分の2に及び、軍事、政治、経済、科学技術、文化面などの協力機構だというが、2007年に大規模合同軍事演習を行うなど、軍事同盟としての色を強めつつある。

さらに、アフガニスタンなどの国々も加盟を希望しているといわれ、この機構を通じて中・ロの軍事力が増強されていけば、**NATOに対抗し得る軍事同盟**となる可能性も秘めているのだ。

この他には、南北アメリカ諸国による「米州機構」、ロシアと旧ソ連邦の計6ヶ国で構成される「集団安全保障条約」などがあり、韓国やフィリピンは日本と同じく、アメリカと同盟関係にある。

このように、国家と国家が同盟を結ぶ主目的は、やはり自国の防衛力を高めるためで、同盟国と共通する潜在的な脅威などに備えるための手段である。

世界情勢の変化によって、今後も新たな同盟が生まれては消えていくことであろう。

近年、存在感を増しつつある「上海協力機構」。写真は、各国首脳が図面で合同軍事演習の説明を受けている様子。(©Presidential Press and Information Office and licensed for reuse under this Creative Commons Licence)

1953年に調印された、「米韓相互防衛条約」（米韓同盟）の署名時の様子。このような同盟は、共通の脅威（米韓同盟の場合は主に北朝鮮）への備えという目的から締結される。

Q86

世界最大規模の海軍合同軍事演習「リムパック」とは？

前項で書いたように、世界には数々の（軍事）同盟が存在する。

そして当然、戦争となれば基本的に同盟国は力を合わせて戦うわけだが、そのためには、平時から「合同訓練」や「合同演習」を行っておく必要があるといえる。

こうした**合同演習の中で、同盟国の枠さえ超えた世界最大規模のものが、「環太平洋合同演習」、通称「リムパック」である。**

リムパックは1971年、アメリカ海軍の主催により、ハワイの周辺海域でカナダ、オーストラリア、ニュージーランドの海軍と合同演習を行ったことから始まり、以降、ほぼ2年おきに実施されている。

1980年には、5ヶ国目の参加国として海上自衛隊が参加。さらにその後、イギリス、フランス、韓国、マレーシアなど、ヨーロッパやアジアの国々が加わっている。

リムパックの目的は、主に各国の海軍部隊の能力向上と技術の評価にある。参加艦艇の種類も非常に多く、巡洋艦や駆逐艦だけでなく、潜水艦や航空母艦、さらに航空機も各種戦闘演習を実施する。

また、多数の国々が集まる環境から、情報交換や将兵同士の交流の場としても機能している。

そして、2012年のリムパックは、初参加のロシア海軍を含めた過去最高の22ヶ国が集まり、艦艇42隻、潜水艦6隻、航空機200機以上、2万人以上の海軍将兵が、1ヶ月強の演習に参加した。

さらに、2014年に行われるリムパックには、アメリカの招待を受けて中国海軍が初参加の意向を示しているなど、今後も、この世界最大規模の演習が、ますます拡大していくことは間違いないだろうと思われる。

2000年の「環太平洋合同演習(リムパック)」に参加した、アメリカ海軍の航空母艦「エイブラハム・リンカーン」を中心とする艦隊群(空母戦闘群)。

2008年のリムパックに参加したチリの海軍兵たち。1971年から始まったこの大規模な海軍合同演習は、現在でも参加国が増えつつある。

Q87 戦車だけじゃない「軍隊ならでは」の特徴的な車両とは？

軍隊が保有している車両といえば、普通は、火砲を持つ「戦車」が思い浮かぶだろうが、実はそれだけではない。

例えば、アメリカ陸軍の「M104」という「架橋戦車」などは、その代表例といえるだろう。M104は、**戦車の車体と仮設用の橋を組み合わせた個性的な外見をしており、その目的はむろん、戦場で橋を架けることである。**

戦場では、戦闘や妨害工作などによって橋が破壊され、戦車の進軍を妨げることが多々あるが、そんなときにM104があれば、修理を待たず、迅速に橋を設置して部隊をスムーズに移動させることができるというわけだ。

ちなみに、こうした架橋戦車はロシアや欧州諸国も保有し、陸上自衛隊も「91式戦車橋」を配備している。

さらに、車両に牽引されてさまざまな場所におもむく装備もある。陸上自衛隊の「野外炊具1号」や「野外炊具2号」などがその例だ。

「炊具」という名称からも分かるように、「野外炊具1号」と「野外炊具2号」の役割は部隊への給食支援である。中でも、大型の1号は、**1個中隊（約200人）分の食事を、わずか45分程度で調理することが可能**だ。

この車両は、災害現場の救援活動でも活躍し、東日本大震災の際には東北地方に派遣され、炊事能力を活かして多くの被災者に食事を提供した。

その他、航空自衛隊には自走が可能な「炊事車」という車両もある。

このように、軍用車両は戦闘目的のものばかりではなく、戦闘の補助をしたり、兵士の補給に役立つためのものが多々存在するのである。

アメリカ陸軍の架橋戦車「M104」。軍隊が保有する車両というと、戦闘用の「戦車」ばかりをイメージしがちだが、それ以外にも、こうした特徴的な車両が存在する。

車両に牽引されて移動する陸上自衛隊の「野外炊具1号」。約200人分の食事を、わずか45分程度で調理することが可能である。また、最近では改良型の「野外炊具1号（改）」という装備も登場している。

Q88 戦争や軍事から生まれた数々の「スピンオフ」とは？

軍事技術などが一般向けに転用されることや、それによって誕生した製品を「スピンオフ」というが、実のところ、**私たちの生活を便利にしてくれるものは、スピンオフである割合が高い**。

古くは、遠征中の兵士の食糧難を解消するため、ナポレオンが効率的な食料の保存方法を求めたことが「缶詰」の発明に繋がったのは有名な話である。

さらに、「電子レンジ」は、アメリカのレーダー開発実験中に起きた、電磁波のアクシデントによる偶然の産物。「GPS」は、軍事用に開発されたナビゲーションシステムの一部がカーナビなどに応用されたものである。

この他にも、第一次世界大戦中、脱脂綿の代用品として開発された「ティッシュペーパー」、銃や弾丸を湿気から守るための包装用具だった「サランラップ」、戦闘機のエンジン部分のパーツ用の形状記憶合金を活用して生まれた「ブラジャーのワイヤー」など、スピンオフやそれに準ずるものを挙げていけばキリがない。

そして、今や世界中の人々にとって欠かせない**「インターネット」も、戦争での情報収集用に開発されたシステムが原型**だ。

「戦争は発明の母である」といわれるが、世に溢れるスピンオフの数々を見れば、この言葉にも納得がいく。

ただ、最近ではITの急速な発展により、ゲーム機の機能など、民間の技術が軍事に転用されるという、逆パターンの「スピンオン」が増加しているという。

このように、子供の遊び道具が、場合によっては戦場の武器に応用されるというのは、ある意味ゾッとする話だといえるだろう。

第一次世界大戦時、ガスマスクをした戦場のオーストリア兵士たち。脱脂綿の代用品として開発された「ティッシュペーパー」は、吸収力を高めたものがガスマスクのフィルターとしても用いられたが、現在では、主に一般家庭などで衛生用品として使用されている。

今ではわれわれの日常生活に欠かせないインターネットも、元々は戦争での情報収集のために開発されたシステムだった。（©Larry D. Moore and licensed for reuse under this Creative Commons Licence）

Q89 世界各国の「ミリメシ」事情はどうなっている？

自衛隊員や他国軍の隊員が非常食として携帯するのが、「戦闘糧食（レーション）」で、最近では、「ミリメシ（「ミリタリー＋飯」の略）」などとも呼ばれている。

レーションは、現場で戦う兵士たちの士気にも大いにかかわるため、その国の生活スタイルやソウルフードが反映された、非常に興味深い内容となっている。

例えば、自衛隊のレーションは、缶詰中心の「戦闘糧食Ⅰ型（通称「缶メシ」）」と、レトルト中心の「戦闘糧食Ⅱ型（通称「パックメシ」）」に大きく分けられるが、**いずれも米飯類が充実し、種類豊富なおかずの中でも、人気なのは「たくあん漬け」**なのだそうだ。

これは、いかにも日本人の好みが出ているといえるだろう。

また、韓国兵に必須なのはやはりキムチ。ベトナム戦争の派兵時には、当時の朴正熙大統領が、「韓国兵に対する早急なキムチの配給を要求する」という親書をジョンソン米大統領に送ったほどだといわれている。

一方、「美食の国」として知られるフランスとイタリアは、その名に恥じずレーションも美味と評判である。フランス軍のものは「レストラン並の味」だといわれ、イタリア軍のものは、コーヒーや赤ワインなどといった「食後のお楽しみ」が充実している。

そして、昔はまずいと評判だったアメリカ軍の「個人用戦闘糧食（ＭＲＥ）」の味も最近ではかなり向上しているようで、エスニック料理や、ベジタリアン向けのものなど、豊富なメニューが用意されているのである。

自衛隊の「戦闘糧食Ｉ型」（缶メシ）。右上から時計回りに「白飯」「赤飯」「たくあん漬け」「ウインナーソーセージ」。たくあん漬けは、おかずの中でも特に人気がある。（写真引用元：「自衛隊神奈川地方協力本部 HP【http://www.mod.go.jp/pco/kanagawa/index.html】」）

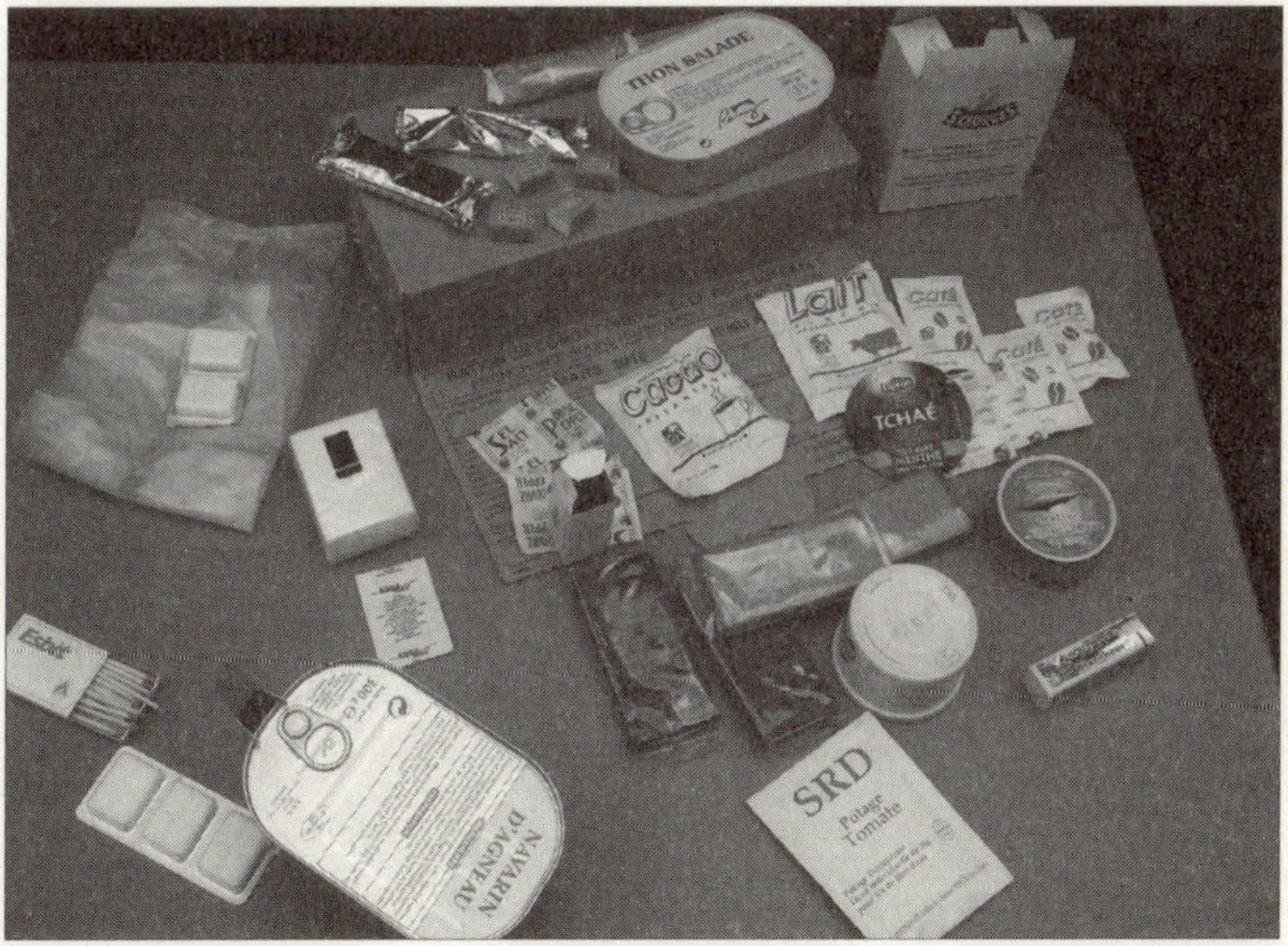

フランス軍のレーション。「美食の国」の名にふさわしく、その味は「レストラン並」とも評されている。（©Evan and licensed for reuse under this Creative Commons Licence）

Q90
海に面していない「内陸国」にも海軍が存在する理由とは?

世界には、海岸線がない**「内陸国」であるにもかかわらず、海軍を所有する国がいくつか存在する。**

その理由は主に2つあり、1つ目が、かつては海岸線を有していたが、戦争などで失い、海軍だけが残ったという「昔の名残」のパターン。そしてもう1つが、「河川や沼湖が国境になっており、その警護のため」というパターンだ。

前者の代表例がパラグアイやボリビアで、元々パラグアイは大西洋に面した領地があったが、1870年に三国同盟戦争に破れ、海岸沿いの領土を失い内陸国になった。

それでも海軍は解散せず、現在もブラジル、アルゼンチンとの国境があるパラグアイ川、パラナ川で警備の役割を担っている。

また、パラグアイの隣のボリビアも、やはり1879年からの硝石戦争で敗れたため、沿海地域の領土をチリに奪われたが、領土の復活を諦めず、今でもチチカカ湖に海軍を置き、訓練を続けている。

一方、後者の代表例がスイスだ。

スイスは内陸国だが、湖上に国境があるため、海軍に準ずる「船舶部隊」が存在し、フランスとの国境をなすレマン湖(ジュネーヴ湖)及び、ドイツ・オーストリアとの国境をなすボーデン湖(コンスタンツ湖)に配置されている。

なお、稀な例としてはモンゴルのケースがある。かつてモンゴルは兵士7人、艦艇1隻という非常に小さい海軍をフヴスグル湖に置いていたが、当時から戦闘ではなく石油の輸送を主任務としていた。

その後、石油の輸送の別ルートができたことで、この海軍が1997年に民営化されたため、「旧海軍」のメンバーは、湖の観光ツアーなどの案内役として働くことになったという。

ボートに乗ったボリビア海軍の兵士。ボリビアが内陸国となった現在でも、海軍を持ちチチカカ湖で訓練を行っている。(©Israel_soliz and licensed for reuse under this Creative Commons Licence)

スイス、ドイツ、オーストリアの国境となっているボーデン湖（コンスタンツ湖）。スイスはこの湖やレマン湖（ジュネーヴ湖）に「船舶部隊」を置いている。(©ja:User:Kiyokun and licensed for reuse under this Creative Commons Licence)

Q91 世界最小規模の軍隊とは?

「規模が大きな軍隊」といえば、アメリカ軍や中国軍が思い浮かぶだろうが、逆に、「世界最小規模の軍隊」については、なかなかイメージしにくいのではないだろうか。

こうした世界最小規模の軍は、国連承認国家の国軍では、アンティグア・バーブーダ軍がそれに該当するといえる。

アンティグア・バーブーダは、カリブ海に浮かぶ人口約8万人の小さな島国で、国防軍の総数は陸軍兵が約125人。

空軍と海軍はなく、これに沿岸警備隊約45人と予備役約75人を合わせたとしても**総兵数は約245人と、他国軍の軍1個大隊にも満たない**。

ただ、これでは国防がおぼつかないので、アメリカ軍と共闘関係を結んでおり、アンティグア・バーブーダ国内にはアメリカ軍のレーダー施設も配備されている。

この他、国連に承認されていない国家を含めれば、もっと小さな軍も存在する。それがシーランド軍だ。

シーランド軍はシーランド公国の国軍だが、この国は前述の通り、国連をはじめ、どこの国からも承認されていない国だ。

シーランド公国は、イギリス南東部10キロ沖合にある元要塞を領土とした「自称国家」で、元イギリス軍人のロイ・ベーツ氏が1967年に占拠し、建国を宣言したのである。

そんなシーランド公国の「国土」はテニスコートよりも小さく、総人口は4人。それでも、国旗や国歌、独自通貨も存在し、国軍も存在するのだ。

だが、その**兵力は警備兵がただ1人**。この警備兵が、1丁のライフルを装備し、公国内を巡回しているのだという。

アンティグア・バーブーダ軍の兵士たち。国の総人口が約８万人のこの国は、その国軍も世界最小規模である。（写真引用元：「NiceFmRadio.com【http://nicefmradio.com/】2012 年 11 月 30 日記事」）

イギリスの沖合にあるシーランド公国。建国者のロイ・ベーツ氏は 2012 年に 91 歳で死去し、現在では息子のマイケル・ベーツ氏が跡を継いでいるという。

Q
92

伝説の「世界最強核兵器」こと旧ソ連の「ツァーリ・ボンバ」とは?

かつて、**広島型原爆の約3300倍**という、恐るべき威力の核爆弾が存在したのをご存じだろうか。その名も「ツァーリ・ボンバ（皇帝の爆弾）」。1961年に旧ソ連が開発した「水素爆弾」である。広島に落とされた原爆の爆発力が15～20キロトンなのに対し、ツァーリ・ボンバは50メガトン（キロトンの1000倍）だ。

ちなみに、ソ連は本来100メガトン級爆弾の開発を予定していたが、そこまでの威力になると、ソ連の人口密集地にまで核物質が拡散してしまうため威力を半減したという。つまり、ツァーリ・ボンバは、「威力を抑えて」50メガトンなのである。

ツァーリ・ボンバの投下実験は、北極海に浮かぶノバヤゼムリャ列島にて行われたが、**衝撃波が地球を3周し、爆発は1000キロメートル先からも確認できた**と伝えられている。

現在も、動画サイトで実験の様子を見られるが、高度6万メートル、幅3万～4万メートルともいわれる巨大キノコ雲は、物凄いものがある。

なお、実際にツァーリ・ボンバを爆発させた場合、一次放射線致死域は半径6・6キロ、爆風による人員殺傷範囲は23キロ、致命的な火傷を負う熱線の効果範囲は58キロに及ぶとされる。

広島型原爆で、一気に12万人以上の命が奪われたことを考えれば、ツァーリ・ボンバが使用された場合の犠牲者数は、計り知れないものとなるだろう。

ただし、ツァーリ・ボンバは前述の実験で消費されて以降、製造されておらず、現在は原寸大の模型が存在するのみだ。

まさに伝説の「世界最強核兵器」だが、今後も、このような多量破壊兵器が実戦で使用されないことを祈りたい。

水素爆弾「ツァーリ・ボンバ」投下実験時の巨大キノコ雲。その威力は 50 メガトンで、これは広島型原爆の約 3300 倍である。（画像引用元：http://www.youtube.com/watch?v=16cewjeqNdw）

ツァーリ・ボンバの原寸大模型。旧ソ連の「核開発都市」として知られるサロフ（旧・アルザマス 16）の博物館で展示されている。（©Croquant with modifications and licensed for reuse under this Creative Commons Licence）

Q93 現在ではどの国が核兵器を保有しているのか？

世界で初めて核兵器の開発を成功させたアメリカの「マンハッタン計画」（１９４５年）から約70年が経った現在、核兵器を保有している国は、「核拡散防止条約（ＮＰＴ）」に加盟しているアメリカ、ロシア、イギリス、フランス、中国に加え、ＮＰＴに加盟していないインド、パキスタン、北朝鮮の計８ヶ国である。

そして、前記の国とは違い、はっきりとは保有を認めていないものの、保有が濃厚なのがイスラエルだ。イスラエルは、フランスと「原子力協力協定」を結ぶことで核開発力を手に入れ、**最低でも80発の生産に成功した**といわれている。

しかし、イスラエルは「国際原子力機関（ＩＡＥＡ）」の査察やＮＰＴへの加盟を頑なに拒否し続けており、すでに書いたように、核の保有を認めはしないが否定もしない「不透明核戦略」を続けているのだ。

この他、イランでも核開発が進んでおり、こちらは現在、核拡散を防ぐという名目で欧米との交渉が続けられている。

ただ、世界全体で見れば、冷戦の終結で大規模な戦争が起こりにくくなっている昨今、アメリカとロシアの「戦略兵器削減条約（ＳＴＡＲＴ）」のように、核兵器の削減に向けた動きもあり、また、国連総会では１９９４年から２０１２年まで19年連続で核兵器廃絶決議を採択している。

それでも、一方ではやはり北朝鮮のような、ある意味で国際的な立場が弱い国では、外交カードの１つとしてどうしても核兵器を持ち続ける必要があるため、手放そうとしない。

こうした現実を踏まえれば、核兵器がすべてなくなる未来というのは、まだまだ遠いといえるだろう。

国名	核弾頭数（概数）	初核実験の年（場所）
核拡散防止条約（NPT）加盟国		
アメリカ	9,400 発	1945 年（ニューメキシコ州）
ロシア（旧ソ連）	13,000 発	1949 年（カザフスタン）
イギリス	185 発	1952 年（オーストラリア）
フランス	300 発	1960 年（アルジェリア）
中国	240 発	1964 年（新疆地区）
核拡散防止条約（NPT）非加盟国		
インド	60 ～ 80 発	1974 年（ラジャスタン州）
パキスタン	70 ～ 90 発	1998 年（バロチスタン州）
北朝鮮	10 発以下	2006 年（吉州郡豊渓里）
ほぼ確実に保有していると見られている国（NPTには非加盟）		
イスラエル	80 発	不明

世界の核兵器保有国（2009 年時点のデータ。推測を含む）。アメリカ、ロシア、イギリス、フランス、中国以外の核保有国（保有が濃厚な国を含む）は、核拡散防止条約（ＮＰＴ）に加盟していない。

２０１３年８月にイランの新大統領に就任したロハニ氏。穏健派といわれ、９月にはアメリカのオバマ大統領と電話会談を行うなど、核問題の解決に前向きな姿勢を見せているが、一方でイラン国内の保守派への配慮も忘れておらず、イランの核開発の先行きは、まだまだ見通せない状況が続いている。（© http://www.rouhani.ir/ and licensed for reuse under this Creative Commons Licence）

Q94 核兵器を保有するメリットとデメリットとは？

前項の通り、東西冷戦の終結や米ロ間の条約、あるいは国連の議決で世界の核兵器の数は減少傾向にあるものの、完全にはなくなっていない。

では、核兵器を持つことによって、各国にはどのようなメリット、デメリットがあるのだろうか。

まず、最大のメリットは「抑止力」である。

核兵器を持たない国は、なかなか核保有国相手に戦争を仕掛けようとは思わないだろうし、また、核を保有する国同士でも、安易な武力行使に至らないという効果が見込める。

つまり、**核兵器が他国に対する抑止力となり、戦争の勃発を防いでいる**というわけだ。

また、核の保有は、外交において非常に有効なカードにもなり、国際社会における影響力を高めることができる。

その典型が北朝鮮で、核兵器の存在をちらつかせることで、米韓からの経済援助などを引き出そうとしているのである。

とはいえ、核兵器の保有は、メリットばかりではないことも事実だ。

例えば、核を保有すればその周辺地域で軍拡競争が起き、場合によっては新たに核開発を始める国家が出るなどして、緊張がより高まる可能性がある。

加えて、核兵器が増えれば、それがテロリストの手に渡る可能性も増し、核を使用したテロの危険度が高くなることにも繋がる。

つまり、**国家対国家の戦争でなくとも、核兵器がテロなどで使われてしまう脅威を招く**ということだ。

そして実のところ、これこそが、欧米諸国が核の拡散を危険視している一番の理由だといわれているのである。

アメリカが開発した核弾頭「W80」。国家が、こうした核兵器を保有する最大のメリットは戦争勃発の「抑止力」だといわれる。

かつてアメリカ軍が装備していた、わずか70キロ程度の「超小型核兵器」。「スーツケース型核爆弾」とも呼ばれた。このような兵器が何らかのきっかけでテロリストの手に渡ってしまえば核を利用したテロ行為が起こされかねない。（© Randroide and licensed for reuse under this Creative Commons Licence）

Q 95

核戦争が今後起きるとしたらどんなシチュエーションが考えられるか？

2012年の時点で、地球上に存在する核弾頭はおよそ2万発だとされている。

とはいえ、もし、核保有国が1発でも使用してしまえば、世界中からバッシングを受け、国際的な孤立を招いてしまうだろう。

その結果、経済的に大打撃を受けてしまうといったことが考えられる。

このような理由から、あくまでも各保有国は核を「保有」するだけにとどまり、今後も、核戦争が起きる可能性はさほど高くはないだろうと考えられている。

しかしながら、核兵器がこの世に存在している以上、やはり、核戦争が絶対に起きないという保証はない。

そこでこの項では、「核戦争が起こり得る状況」をシミュレートしてみたい。

具体的にいえば、**追い詰められた北朝鮮が核兵器を使用するというケース**である。

現在、金正恩氏をはじめとする北朝鮮の上層部の面々が何より恐れているのは、独裁体制が崩壊してしまうことである。

実際、革命が起きれば、彼らは命の危険にさらされかねず、また、「アメリカ中央情報局（ＣＩＡ）」が金正恩氏の暗殺を企てているという噂も飛び交っている。

このような状況の中、北朝鮮は、国家体制の維持と国民の不満を逸らす目的から、韓国にミサイルを飛ばす可能性がある。

そのきっかけとなるのは、例えば米韓の合同演習などが考えられる。

実際、2010年11月に北朝鮮が韓国の延坪島に砲撃をした事件（延坪島砲撃事件）でも、理由は、

北朝鮮3回目核実験

小型化と発表

安保理が非難談話

北朝鮮は12日、国営の朝鮮中央通信を通じ、「地下核実験を成功裏に実施した」と発表した。同通信は実験について、弾道ミサイル搭載に向けた核爆弾の小型化を進展させた可能性を示唆した。日米韓などは、昨年12月の事実上の長距離弾道ミサイル発射に続く国連安全保障理事会決議違反として非難。安保理は12日午前（日本時間12日深夜）から緊急会合を開き、核実験を強く非難する報道機関向け談話を発表した。日本政府は、独自の追加制裁を一段と強める方針を表明した。

国連本部で12日、安保理の緊急会合後、記者会見する議長国・韓国の金星煥外交通商相（AP）

日本、制裁を強化

【ソウル＝門間順平、ワシントン＝山口香子】北朝鮮の核実験は2006年10月、09年5月に続き3回目で、金正恩体制の発足後初。同通信は今回の実験について「以前と異なり、爆発力が大きいながらも小型化、軽量化した原子爆弾を使用した」と主張した。

韓国国防省報道官は12日、記者会見で、韓国気象庁の地震計が同日午前11時57分、北朝鮮北東部・咸鏡北道吉州郡を震源とするマグニチュード（M）4・9の人工的な揺れを観測したと発表した。爆発規模については、TNT火薬換算で「6～7キロ・トン程度」と推定されると語った。06年10月は0・8キロ・トン、09年5月は3～4キロ・トンだった。

高まる脅威、

金正恩の核（上）

「小型化、軽量化した原爆使用」に言及した今回の核実験で、北朝鮮の核の脅威は格段に増した。危機感を強めた各国は、素早く動いた。日本政府は、地震波の観測から約40分後には菅官房長官が記者会見を行い、

北朝鮮が３回目の核実験を行ったことを報じる新聞記事。将来的に、追い詰められた北朝鮮が核兵器を使用するという可能性はゼロではない。（画像引用元：「読売新聞」2013年2月13日記事）

韓国軍が黄海で実弾演習を行ったことに対する反発だった。

そしてもし、ミサイルが韓国の領海・領土内に着弾すれば、米韓は北朝鮮に最終勧告を行った後、空爆を実施するだろう。

また、実際にミサイルが発射されなくても、攻撃の兆候を把握した段階で、米韓側が北朝鮮に対して先制攻撃を行うこともあり得る。

そうなれば、兵力差の劣る北朝鮮はまず米韓に勝てないだろう。

しかしながら、**最後に一矢を報いるべく、金正恩氏や軍のトップが核兵器の使用に踏み切る**かもしれない。

つまりは「国家心中」だ。

その結果、北朝鮮は確実に崩壊するだろうが、韓国やアメリカ、あるいはアメリカ軍基地が置かれている日本にも、核ミサイルが飛来するかもしれないのである。

Q96 日本は核兵器を保有することができるのか？

「日本も核兵器を持つ必要があるのではないか」という議論は、これまでしばしば行われてきた。

ただし、日本には、核兵器を「作らず」「持たず」「持ち込まさず」という国是（非核三原則）があり、また、自衛隊は「専守防衛」という理念を掲げている。

こうした前提を踏まえれば、日本が核兵器を保有することなど、まず不可能であるように思える。

ところが、実は、**「自衛の範囲であれば、核武装も憲法上は可能」**という解釈もあるのだ。

実際、1960年代には政府が極秘に核保有の可能性を検討していたといわれ、「非核三原則」を提唱した佐藤首相が内閣官房の情報機関に命じ、日本の核兵器製造能力についての調査書をひそかに作成させたり、また、外務省の高官が西ドイツ外務省の関係者と接触して核保有の可能性を探る会合を持ったなどという話もある。

では、現在の日本で核兵器の開発・配備は可能かといえば、**「開発は可能、配備は不可能」**だろう。

日本は、原発用とはいえプルトニウムを備蓄しており、技術水準も極めて高いため、開発自体は可能だろうが、核兵器を配備するには実験が必要だ。

だが、唯一の被爆国にして、過酷な原発事故も経験した日本において、国内での核実験など世論が許すはずがない。

加えて、国際条約の壁も越えなければならない。

というのも、日本が核兵器を保有・配備するということは、「核拡散防止条約（ＮＰＴ）」などの国際的な原子力協定を破棄することを意味する。

これにより、各国との関係が確実に悪化してしまうことなどを総合して勘案すれば、現在の日本が無理に核兵器を保有することは、デメリットのほうが多いように思える。

核兵器を「作らず」「持たず」「持ち込ませず」という「非核三原則」は、佐藤栄作首相（写真）が打ち出した国是だが、一方で、佐藤首相は、内閣官房の情報機関に命じ、日本の核兵器製造能力についての調査書をひそかに作成させていたともいわれる。

世界遺産にも登録されている広島市の「原爆ドーム」。唯一の被爆国である日本は、核兵器に対する国民の忌避感も強く、まして、過酷な原発事故も経験した現在では、国内での核実験など、まず世論が許さないと考えられる。（© Dean S. Pemberton and licensed for reuse under this Creative Commons Licence）

Q97 最近では戦争も「民営化」が進んでいる？

さまざまな分野で「民営化」が進む昨今だが、実は、**戦争も民営企業に委託されるケースが増えている。**

このような民間軍事会社は「PMSCs（Private Military and Security Companies）」などと呼ばれ、要人の警護、兵器の修理、軍事教育、戦闘への兵士の派遣など、「軍事サービス」全般を請け負っている。

民間軍事会社が誕生し始めたのは1990年代初頭のころからで、きっかけは、冷戦終結による軍縮だといわれている。

最近では、さらなる成長を続けており、その背景には、現代戦では民間のハイテク兵器専門家の存在が重要視されることや、兵力を常備するよりも一時的に民間軍事会社を通じて人を雇うほうがコストが安くつくなどといった理由が挙げられる。

だが、民間軍事会社を利用するリスクもあり、例えば、派遣される兵士はあくまで金が目的なので、高い給与を払う側に寝返る可能性も高い。

また、正規軍よりも規律や法が整っていないため、民間人を虐殺してしまうなどの事件が発生し、大きな問題となっている。

この他、直接戦闘に参加するわけではないが、**広告会社が情報操作を行うことで戦争を優位に進めるというビジネスも存在する。**

実際、アメリカの大手広告会社の「ルーダー・フィン社」は、1992年からのボスニア・ヘルツェゴビナ紛争において、ボスニア・ヘルツェゴビナ政府の依頼を受け、「民族浄化」という言葉を巧みに使い、政府と敵対していたセルビア人勢力が「悪」だというイメージを国際世論に植えつけている。

このように、近年の戦争は、「国益をかけた争い」という本来の目的に加え、民間企業にとっての重要な「ビジネスの機会」にもなっているのである。

民間軍事会社の戦闘要員たち。彼らは、「プライベート・オペレーター」あるいは「コントラクター」などと呼ばれる。

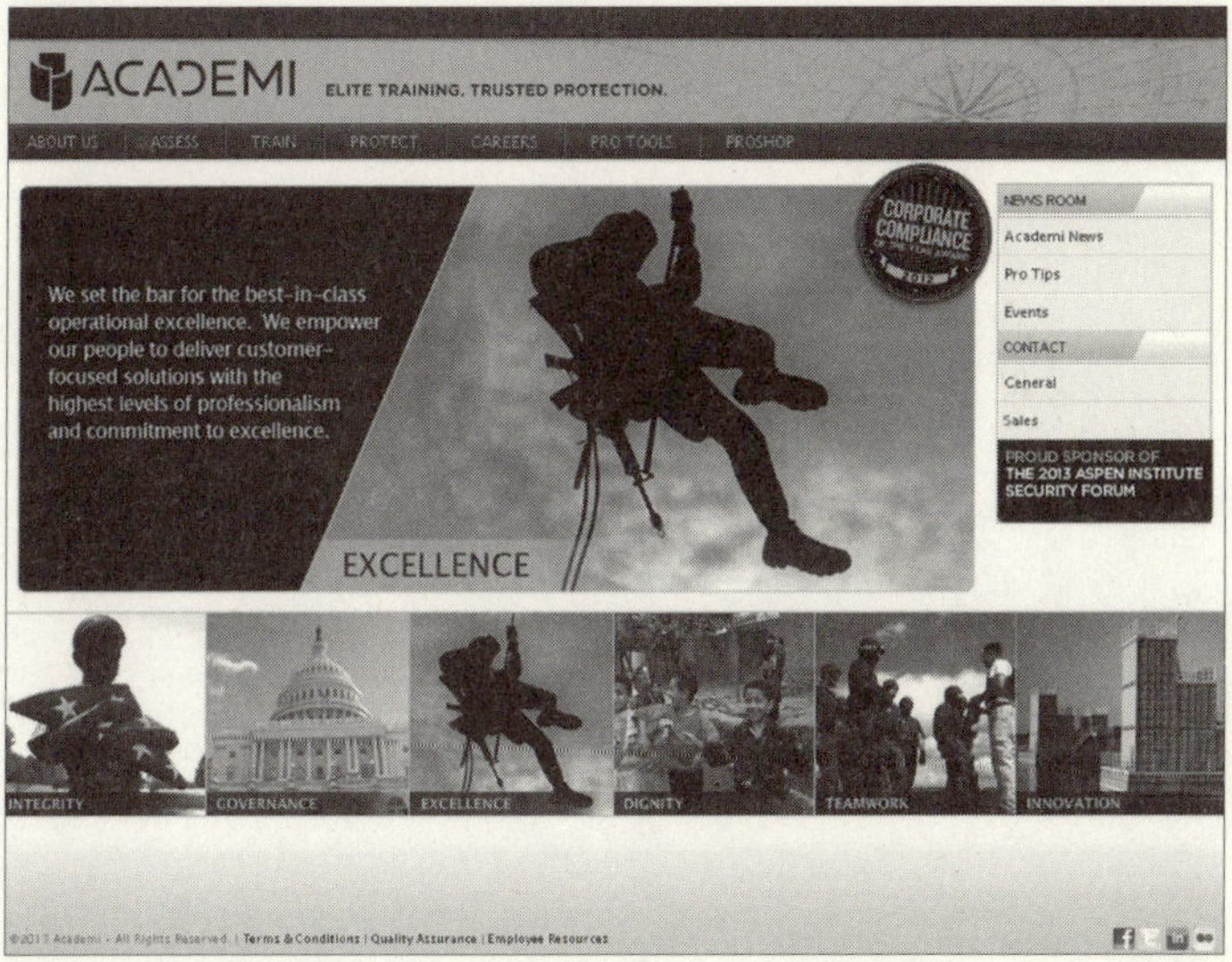

アメリカの民間軍事会社「アカデミ社」のホームページ。現在では、アメリカをはじめとして、こうした軍事会社がいくつも存在する。（画像引用元：「アカデミ社 HP【http://academi.com/】」）

Q98 徴兵制を採用する国が減ってきている理由とは？

かつての日本もそうだったように、国民に兵役の義務を課す「徴兵制」は、兵力の維持、もしくは増強のために多くの国が採用していた。

そして、現在でも徴兵制を敷いている国は存在するが、徐々にその数を減らしてきている。

例えば、2011年にはドイツが徴兵制の廃止を決定したため、ヨーロッパの主要国の中で、徴兵を行う国はほぼなくなった。

このように、徴兵制度が廃れつつある最大の原因は、兵器の進化にある。

第二次世界大戦のころまでは、兵数こそが戦争の要であり、一般人に銃を持たせるだけでも戦力として成立していた。

しかし、現代戦の主役はハイテク兵器だ。これらを使いこなすためには高度な知識と技術が必要で、いわば素人を集めただけの徴兵よりも、専門教育を受けた志願兵のほうが重要視されるようになったのである。

それならば、徴集兵にも同じように教育を施せばよいではないかという意見もあるだろうが、ハイテク兵器の操縦要員を育てるためには、莫大な費用がかかる。

例えば、**航空自衛隊の戦闘機パイロットを1人前に育てるためには5億円以上の予算が必要になる**ともいわれているのだ。

また、徴兵たちは自ら進んで軍に入ったわけではないので、学習意欲や国防意識が低いという問題もある。

このように、現代戦では、徴兵でとにかく兵を集める「質より量」の人海戦術はあまり意味をなさなくなっており、意識が高く知識が豊富な兵たちによる「少数精鋭」が重要になっているのだ。

地域	国名
アジア	モンゴル　中国　韓国　北朝鮮　ベトナム タイ　マレーシア　ラオス　カンボジア シンガポール　台湾（2015 年までに廃止予定）
中東	トルコ　イスラエル　シリア　クウェート イラン　イエメン
ヨーロッパ	ロシア　ノルウェー　フィンランド　デンマーク スイス　オーストリア　ギリシャ
アフリカ	エジプト　セネガル　スワジランド　ギニア ギニアビサウ　コートジボワール　カーボベルデ アルジェリア
アメリカ	キューバ　コロンビア

現在でも徴兵制度が敷かれている国家。ただし、その内容はまちまちで、例えば中国は基本的に志願兵だけで人数が足りるので実質的に行われておらず、また、別項でも解説した通り、タイでは「くじ引き」で徴兵が行われる（82 ページ参照）。

兵役逃れ封じ　法改正したら….

二重国籍保持者

韓国籍を放棄

駆け込み1800人

▼ソウルの法務省国籍業務出張所に詰めかける人々（13日、AP）

富裕層中心●マスコミも批判「嘆かわし

【ソウル＝豊淵潤一】徴兵制を採用している韓国で今月5日、国籍法を改正し、外国生まれの二重国籍保持者に対し、兵役逃れのための韓国籍放棄を封じたところ、24日の施行までの約2週間に1800人以上が駆け込みで韓国籍を放棄したことが法務省の調べでわかった。放棄者の大部分が、商社マンや学界関係者の息子で、富裕層の兵役忌避傾向が改めて浮き彫りになった。

層を中心に、国内で
れば親の国籍に関係
籍を付与する米国な
かけて出産する「遠
が流行している。生
くる息子の兵役忌避
狙ったものだ。韓国
ると、2002年
0人以上に上り、庶
の不公平感を助長す
として社会問題化
た。

国籍法の改正は、
出産」の抑制を主な
したもので、今月5
会で可決、成立した
国籍保持者はこれま
兵対象となる満18歳
までに韓国籍を放棄

近年、韓国では、「兵役逃れ」が問題になっており、外国生まれの二重国籍保持者を対象に、韓国籍の放棄を封じる法律を制定したところ、施行までの 2 週間の間に、1800 人以上が駆け込みで韓国籍を放棄するという事件も起きた。（画像引用元：「読売新聞」2005 年 5 月 26 日記事）

Q 99

男女平等が当たり前の現代では軍隊の女性将兵の数も増えてきている？

戦場で戦う女性兵士を題材に扱う映画などはいくつもあるが、実際のところ、各国軍において、女性はどのような役割を担っているのだろうか。

まず、自衛隊では、女性隊員の数自体は増加傾向にあるが、戦闘職種に関してはほとんどが男性隊員。つまり、有事の際に前線で戦う「女性兵士」は極めて少ない。

一方、アメリカ軍ではすでに女性将兵が幅広く活躍しており、2001年以降、およそ30万人もの女性が、アフガニスタンやイラクの戦闘地域で任務に就いている。

また、イスラエル軍は、女性にも徴兵制が施行されており、**兵士の約3割、そして将校の約半数を女性が占めている**という、かなり「男女平等」な状態である。

また、ヨーロッパ諸国の中で、最も「女性に開かれた軍隊」なのはノルウェーだ。

ノルウェーでは、1985年に女性でも全戦闘任務に就くことが認められ、さらに、2013年には、女性も徴兵の対象とするという法案が可決された。ちなみに、世界初の女性潜水艦艦長も、ノルウェーで誕生している。

この他には、ドイツ軍、オーストラリア軍、ニュージーランド軍などでも、女性兵士が戦闘業務についている。

現代では、どんな仕事でも男女平等が当然になっているため、今後ますます、軍の第一線で活躍する女性将兵の数は増えていくだろうと思われる。

しかしその反面、女性兵士に対する性的暴行などが後を絶たないという現実問題もあり、「軍隊」という、特殊かつ過酷な環境への女性の参加については、疑問の声も上がっているのだ。

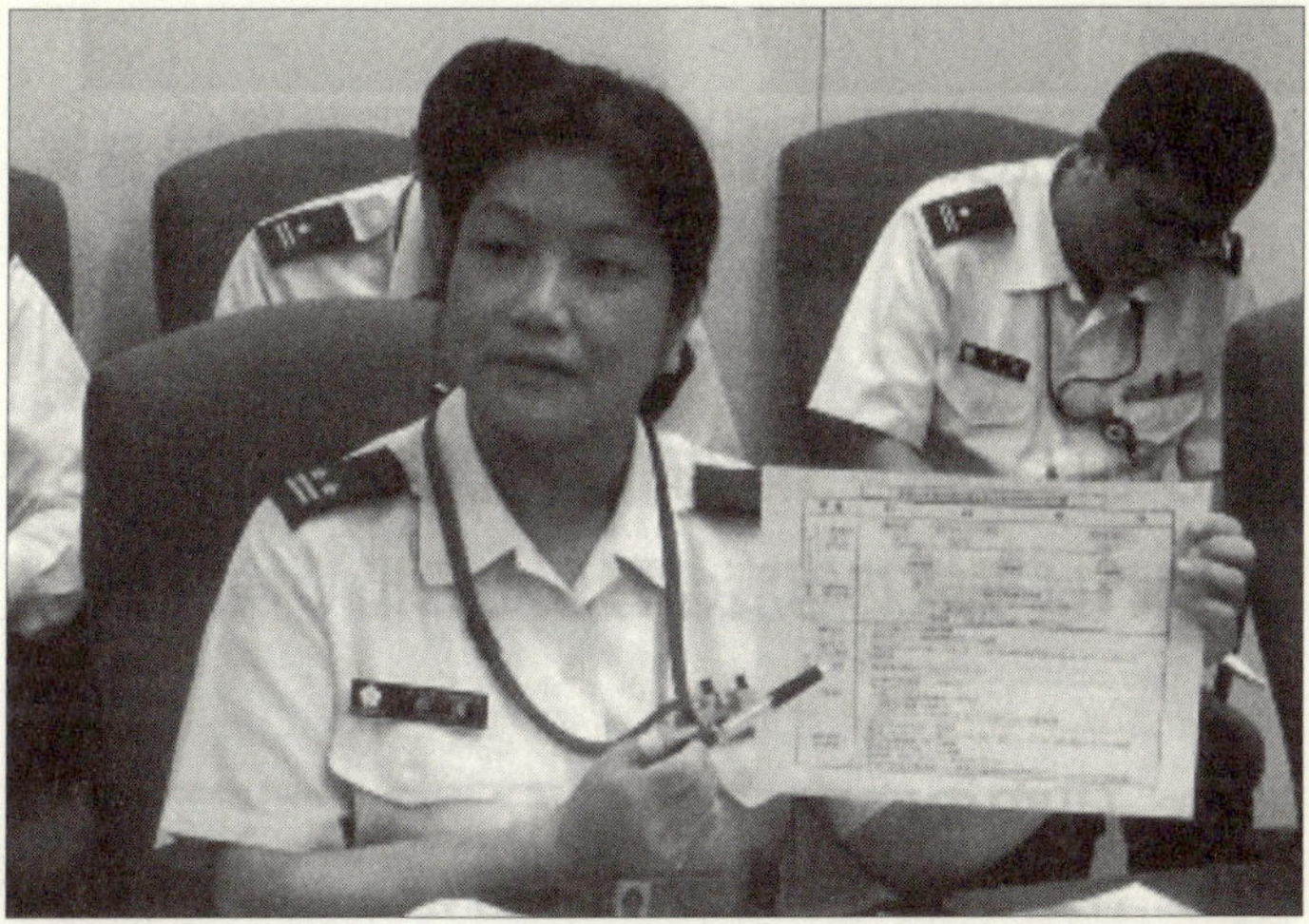

陸上幕僚監部人事課の女性自衛隊員（2等陸佐）。自衛隊でも女性の数は増加傾向にあるが、有事の際に前線で戦う女性隊員は少ない。（写真引用元：「平成 24 年版 日本の防衛 防衛白書」）

招集されたイスラエルの女性兵士。イスラエルでは、性別を問わず徴兵が行われ、女性兵士の割合が約 3 割、女性将校の割合が約半数に上る。（©Israel Defense Forces and licensed for reuse under this Creative Commons Licence）

主要参考文献・サイト一覧

「平成16年版 日本の防衛 防衛白書」防衛庁編（国立印刷局）
「平成17年版 日本の防衛 防衛白書」防衛庁編（ぎょうせい）
「平成21年版 日本の防衛 防衛白書」防衛庁編（ぎょうせい）
「平成22年版 日本の防衛 防衛白書」防衛省編（ぎょうせい）
「平成24年版 日本の防衛 防衛白書」防衛省・自衛隊編（佐伯印刷）
「平成25年版 日本の防衛 防衛白書」防衛省・自衛隊編（日経印刷）
「平成25年度版 防衛ハンドブック」朝雲新聞社編集局編著（朝雲新聞社）
「自衛隊装備年鑑2012-2013」朝雲新聞社編集局編著（朝雲新聞社）
「世界軍事情勢2013年版」財団法人史料調査会編（原書房）
「世界の戦闘艦カタログ」多田智彦著（アリアドネ企画／三修社発売）
「図説 自衛隊有事作戦と新兵器」河津幸英著（アリアドネ企画／三修社発売）
「新・世界の戦闘機・攻撃機カタログ」清谷信一編（アリアドネ企画／三修社発売）
「改訂新版 面白いほどよくわかる自衛隊 最新装備から防衛システムまで、本当の実力を検証！」志方俊之監修（日本文芸社）
「いま知りたい学びたい 日本と周辺国の国防と軍事」軍事力調査研究会編（日本文芸社）
「裁かれる核」朝日新聞大阪本社「核」取材班著（朝日新聞社）
「中国四千年の軍事思想」松井茂著（新潮社）
「最強戦力自衛隊 日本を護る軍事組織の全貌」G.B. 著／加藤健二郎著（コスミック出版）
「中東戦争全史」山崎雅弘著（学習研究社）
「そこが知りたい!! 自衛隊100科事典」歴史群像編集部編（学研パブリッシング）
「最強 世界の歩兵装備図鑑」坂本明著（学研パブリッシング）
「最強 世界の潜水艦図鑑」坂本明著（学研パブリッシング）
「最強 世界の戦闘車両図鑑」坂本明著（学研パブリッシング）
「世界の軍事力が2時間でわかる本」ニュースなるほど塾編（河出書房新社）
「宇宙の謎が2時間でわかる本」壺内宙太編／スペース探査室編（河出書房新社）
「徹底図解 第二次世界大戦 世界を地獄に変えた火の7年間」新星出版社編集部編（新星出版社）
「国防の真実 こんなに強い自衛隊」井上和彦著（双葉社）
「総合国防マガジン 自衛隊ＦＡＮ」井上和彦監修（双葉社）

「アメリカ海兵隊 非営利型組織の自己革新」野中郁次郎著（中央公論社）
「ベトナム戦争 誤算と誤解の戦場」松岡完著（中央公論新社）
「最強！自衛隊ガイド」田母神俊雄監修（コアマガジン）
「図説 ニュースの裏が見えてくる！『核』の世界地図」浅井信雄監修（青春出版社）
「核問題ハンドブック」和田長久編／原水爆禁止日本国民会議編（七つ森書館）
「肥大化する中国軍 増大する軍事費から見た戦力整備」江口博保編著／吉田暁路編著／浅野亮編著（晃洋書房）
「誰も語らなかった防衛産業」桜林美佐著（並木書房）
「学校で教えない現代戦争学 文民のための軍事講座」兵頭二十八著（並木書房）
「ＢＭＤ〈弾道ミサイル防衛〉がわかる 突如襲い来る弾道ミサイルの脅威に対抗せよ」金田秀昭著（イカロス出版）
「イージス艦入門 最強防空システム搭載艦のすべて」菊池雅之著（イカロス出版）
「苦悩するパキスタン」水谷章著（花伝社）
「情報戦争の教訓 自衛隊情報幹部の回想」佐藤守男著（芙蓉書房出版）
「現代の特殊部隊 テロと戦う最強の兵士たちその組織、装備、作戦を見る」坂本明著（文林堂）
「世界の傑作機別冊 未来兵器 スタンド・オフ爆弾からロボット兵器まで近未来の兵器と戦場を図説する」坂本明著（文林堂）
「最強！特殊部隊スーパーファイル」笹川英夫著（竹書房）
「図解 戦車の秘密」齋木伸生著（ＰＨＰ研究所）
「図解 一目でわかる！世界の軍事力」ワールドミリタリー研究会著（ＰＨＰ研究所）
「世界の軍隊バイブル」世界軍事研究会著（ＰＨＰ研究所）
「ロシア軍は生まれ変われるか」小泉悠著（東洋書店）
「湾岸戦争 隠された真実」ピエール・サリンジャー著／エリック・ローラン著／秋山民雄訳／佐々木坦訳／伊藤力司訳（共同通信社）
「徹底検証！Ｖ-22オスプレイ ティルトローター方式の技術解説から性能、輸送能力、気になる安全性まで」青木謙知著（ソフトバンククリエイティブ）
「『中国の戦争』に日本は絶対巻き込まれる」平松茂雄著（徳間書店）
「ポケット図解 インド共和国がよーくわかる本」かいはたみち著（秀和システム）
「米軍再編 日米「秘密交渉」で何があったか」久江雅彦著（講談社）
「傭兵の二千年史」菊池良生著（講談社）
「闘う！海上保安庁」岩尾克治著（光人社）
「図説 世界の歴史〈9〉第二次世界大戦と戦後の世界」Ｊ・Ｍ・ロバーツ著／月森左知訳／五百旗頭真監修（創元社）

「イギリスの歴史」Ｗ・Ａ・スペック著／月森左知訳／水戸尚子訳（創元社）
「イギリス史（世界各国史）」川北稔編（山川出版社）
「日米同盟再考 知っておきたい１００の論点」平和・安全保障研究所編／西原正監修／土山實男監修（亜紀書房）
「宇宙技術入門」高畑文雄著／池内了著／戸田勧著／森英彦著／輿石肇著／新田慶治著（オーム社）
「現代アジア最新事情 21世紀アジア・太平洋諸国と日本」吉田康彦編著（大阪経済法科大学出版部）
「アウンサンスーチー 変化するビルマの現状と課題」田辺寿夫著／根本敬著（角川書店）
「コスタリカの歴史（世界の教科書シリーズ16）」イバン・モリーナ著／スティーヴン・パーマー著／国本伊代訳／小澤卓也訳（明石書店）
「米軍が見た自衛隊の実力」北村淳著（宝島社）
「別冊宝島１１９０ 自衛隊vs中国軍 自衛隊はかく戦えり！」（宝島社）
「別冊宝島１４３９ 現代戦争の最強兵器 最新版完全解説！」（宝島社）
「別冊宝島１６１５ 公開！世界の特殊部隊」（宝島社）
「別冊宝島１８６９ ＣＧでリアルシミュレーション！田母神俊雄の自衛隊vs中国軍」田母神俊雄監修（宝島社）
「米軍最新兵器１５００ ひと目でわかるアメリカ陸海空軍海兵隊の最新装備」成美堂出版編集部編（成美堂出版）
防衛省・自衛隊ＨＰ（http://www.mod.go.jp/）
陸上自衛隊ＨＰ（http://www.mod.go.jp/gsdf/）
海上自衛隊ＨＰ（http://www.mod.go.jp/msdf/）
航空自衛隊ＨＰ（http://www.mod.go.jp/asdf/）
統合幕僚監部ＨＰ（http://www.mod.go.jp/js/index.htm）
防衛省 技術研究本部ＨＰ（http://www.mod.go.jp/trdi/）
自衛隊神奈川地方協力本部ＨＰ（http://www.mod.go.jp/pco/kanagawa/index.html）
首相官邸ＨＰ（http://www.kantei.go.jp/）
外務省ＨＰ（http://www.mofa.go.jp/）
朝雲新聞社ＨＰ（http://www.asagumo-news.com/）
ＭＳＮ産経ニュース（http://sankei.jp.msn.com/）
衆議院議員 小野寺五典 公式ウェブサイト（http://www.itsunori.com/）
衆議院議員 安倍晋三 公式サイト（http://www.s-abe.or.jp/）
在日米国海兵隊ＨＰ（http://www.okinawa.usmc.mil/）

在日カナダ大使館ＨＰ（http://www.canadainternational.gc.ca/japan-japon/index.aspx）
アメリカ海軍ＨＰ（http://www.navy.mil/）
イギリス陸軍ＨＰ（http://www.army.mod.uk/home.aspx）
南アフリカ軍ＨＰ（http://www.dod.mil.za/default.htm）
フォーリン・アフェアーズ・ジャパン（http://www.foreignaffairsj.co.jp/）
イランラジオ日本語版（http://japanese.irib.ir/）
レコードチャイナ（http://www.recordchina.co.jp/）
人民網日本語版（http://j.people.com.cn/）
世界ランキング統計局（http://10rank.blog.fc2.com/）
グローバルノート（http://www.globalnote.jp/）
ストックホルム国際平和研究所（http://www.sipri.org/）
ＹｏｕＴｕｂｅ（http://www.youtube.com/）
NiceFmRadio.com（http://nicefmradio.com/）
欧华传媒网（http://www.ouhuaitaly.com/）
アカデミ社ＨＰ（http://academi.com/）

世界《せかい》の軍隊《ぐんたい》99の謎《なぞ》

2013年11月22日第1刷
2014年4月15日第2刷

編者　世界の軍隊研究委員会
制作　オフィステイクオー
発行人　山田有司
発行所　株式会社　彩図社《さいずしゃ》
〒170-0005
東京都豊島区南大塚3-24-4　MTビル
TEL 03-5985-8213　FAX 03-5985-8224
URL：http://www.saiz.co.jp
http://saiz.co.jp/k（携帯）→
印刷所　新灯印刷株式会社

ISBN978-4-88392-953-5 C0031

※本書に書いている国内・海外情勢、人物の肩書などは、特に断り書きがない限り、2014年2月現在のものです。